JN235739

海からの贈り物

貝の図鑑
採集と標本の作り方

写真と文 行田義三

南方新社

貝の図鑑
採集と標本の作り方

もくじ

はじめに―より良い標本を作るために	3
この本の使い方	4
貝についての基礎知識	5

I 採集から標本作りまで

1．採集用具	10
2．採集の場所と方法	11
3．処理の仕方	23
4．標本目録の一例	30
5．良い標本・悪い標本	31

II 貝の見分け方

1．和名と科名	34
2．幼貝と成貝	36
3．形の似た貝	
【海の貝】	37
【陸の貝】	68
【淡水の貝】	83
4．寄生貝・サンゴ食の貝	88
5．珍しい貝	90
6．各地の貝	92
7．要注意!「毒をもつ貝」	104

III 貝の図鑑

【海の貝】	108
【陸の貝】	155
【淡水の貝】	163

参考文献	165
和名索引	166
あとがき	174

コラム

二枚貝の前後と巻貝の巻き方	8
採集と自然保護	10
潮干狩りに良い季節	17
奇妙な話―オス化する貝	21
大型船が運ぶ外来種	29
レッドデータブックについて	32
地域独特の食用貝	91
貝の食中毒	106

TOPIC!

貝に食べられた二枚貝	6
殻をもたない巻貝	15
カタツムリの仮眠	18
殻のないカタツムリ	20
砂浜の微小貝	23
魚が卵を産み付ける？	87

参考

ハベマメシジミの採集と飼育観察記録	22

はじめに—より良い標本を作るために—

　貝はすむ場所によって海の貝・陸の貝・淡水の貝などに分けられている。貝を集めてみようとするとき，まず手がけるのは海の貝であろう。

　砂浜に行くと満潮線より上の方に貝殻が散らばっている。座ってよく見ると，巻貝や二枚貝が，形は同じでもその色や模様が少しずつ違っている。なぜだろうか。この貝たちは台風や冬の大しけの時に打ち上げられ，長い年月にわたって砂にもまれ，角が折れたり口が欠けたり，あるいは強い紫外線やオゾンの影響で色や艶がなくなったものである。

　満潮線付近に目を移してみると，数は少ないがここにも貝が帯状に散らばっている。ここの貝は先の貝に比べて欠損部分が少ない。が，砂浜にある貝はこのように，多少なりとも自然の影響を受けて色や形が悪くなっている。

　それに比べて潮干狩りで採った貝は蓋をもち，艶があって新鮮である。これだけで砂浜にある貝とは大きく違う。さらに，殻皮や角（突起）もちゃんと付いているではないか。貝を箱に並べたとき，生きていた時の状態に近いほど「良い標本」である。しかし，一回の採集でこのような貝が，標本箱に詰まるほどたくさん採れることはない。「生きた貝」を採ることを念頭において，岩場とか砂地・河口干潟など場所を変え，一年を通して採集することをお勧めしたい。

　「生きた貝」を採ることで，生態（生きている時の体や周囲の様子）の観察ができる。これが最大のメリットである。海辺では，台風の直後や冬の大しけの時に行くと，かねて見ることのない珍しい貝に出会うことがある。陸の貝を採る場合は，森林が保護され，落ち葉が堆積し朽木があるような神社や公園に行くとよい。2，3日雨が降り続いた後は，ブロック塀・木の幹などにマイマイやキセルガイが這っているので見つけやすい。

　九州は黒潮の影響を受けるので，貝の種類は他地域に比べると多い。また，壱岐・対馬，五島列島，甑島列島，宇治群島，草垣群島，大隅諸島，トカラ列島，奄美諸島，沖縄諸島，宮古列島，八重山列島が連なっていて，陸貝はそれぞれの島で分化し多くの固有種を生み出している。

　本書では，海の貝・陸の貝・淡水の貝の，採集の仕方と標本の作り方について，できるだけ写真を多く使って解説した。本書が，貝に関心をお持ちの方々の手引書として大いに活用され，より良い標本の作り方を身につけていただければ幸いである。

　2003年5月

行田義三

この本の使い方

①本書には,海の貝・陸の貝・淡水(汽水を含む)の貝のすべての分野を収録した。
②Ⅰでは,生息場所(採集場所)と標本の作り方を,生態写真を交えて詳しく解説した。
③Ⅱの3.形の似た貝の項では,見た目によく似た貝を,科や属をこえて配列して見分け方を示した。
④Ⅲでは,Ⅰ,Ⅱで触れたものも含めて全1049種を科ごとにまとめた。
⑤貝殻各部の名称や用語として難解なものは,「基礎知識」にまとめて解説した。
⑥貝の大きさを比べるときの参考として,大きさを殻長・殻高・殻径・殻幅などで書き入れたが,個体差があるので目安にして欲しい。
⑦和名は,図鑑によって書き方(表記)がいろいろ違うが,『日本近海産貝類図鑑』(奥谷喬司編著,2000)に従い,原則として和名の後ろに「──ガイ」を付けないことにした。
⑧科名も,『日本近海産貝類図鑑』を参考にした。(　)書きは他の図鑑や従来の科名である。

●環境省レッドデータブックのカテゴリー
・絶滅:過去に生息していたが,絶滅したと考えられる種。
・絶滅危惧Ⅰ類:現在の状況が続くと野生での存続が困難な種。
・絶滅危惧Ⅱ類:現状が続けば,近い将来Ⅰ類に移行することが確実と思われる種。
・準絶滅危惧:現時点では絶滅危険度は小さいが,状況の変化によっては絶滅危惧ランクに移行する要素をもつ種。

●海岸の区分について

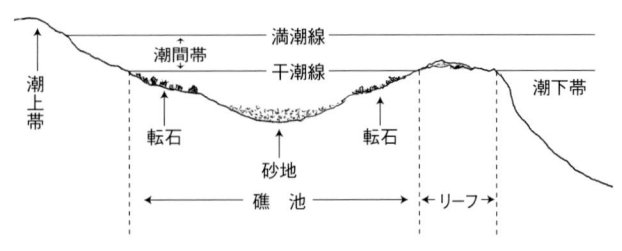

▲満潮線:満潮時,波が寄せている所。
▲干潮線:干潮時,波が寄せている所。リーフのある所では波が砕けている。
▲潮上帯:満潮になっても波がかからず,海が荒れたときに波しぶきが当たる所,しぶき帯ともいう。
▲潮間帯:干潮時に干上がり,満潮時には水中に沈む所。
▲潮下帯:干潮線より深い所。

貝についての基礎知識

①貝という動物

　地球上にすむ貝の種類は11万種余,日本産として約1万種いるといわれている。

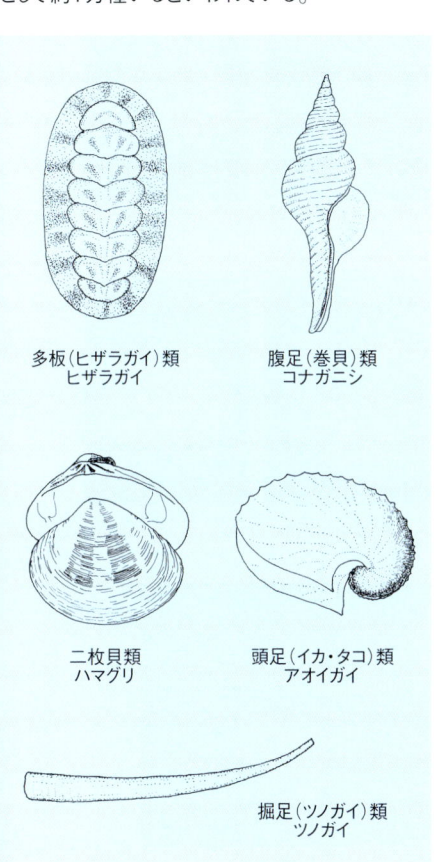

多板(ヒザラガイ)類
ヒザラガイ

腹足(巻貝)類
コナガニシ

二枚貝類
ハマグリ

頭足(イカ・タコ)類
アオイガイ

掘足(ツノガイ)類
ツノガイ

　貝は分類上軟体動物と呼ばれ,大きく無板類,単板類,多板類(ヒザラガイ類),頭足類(イカ・タコ類),腹足類(巻貝類),掘足類(ツノガイ類),二枚貝類の7グループに分けられる。私たちがよく目にするものは腹足類と二枚貝類であって,貝全体に占める割合は腹足類が79%,二枚貝類が18%となっている。通常,殻をもっているが,ナメクジやウミウシのように殻のないものもいる。

　殻は外套膜から出される炭酸カルシウムの結晶を塗りこむようにして作られ,その時,色や模様もできる。殻の一部が欠けて,そこを修復したイモガイなどの標本を見ることがあるが,このような貝は標本価値が下がる。

②貝の発生

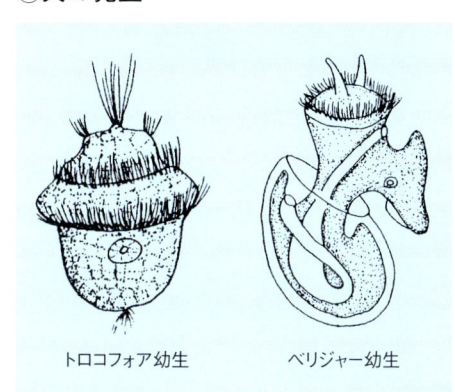

トロコフォア幼生

ベリジャー幼生

　貝が仲間を増やす方法は卵生か,卵胎生である。水生の貝の多くは卵生で,基本的には卵→トロコフォア幼生→ベリジャー幼生→稚貝→幼貝→成貝という段階をたどる。トロコフォア幼生を卵の中で終え,ベリジャー幼生として孵化してくるものが多い。ベリジャー幼生はトロコフォア幼生が変態したもので,多数の繊毛をもち水中を浮遊する。幼生の浮遊期間は,通常3週間から8週間といわれている。

　赤道付近からやってくる黒潮は,熱帯地域から多種類の貝の幼生たちを運ぶベルトコンベヤーの働きをしている。幼生は,はじめのうちは植物プランクトンの多い海面近くを浮遊しているが,そろそろ着地をする頃になると海底すれすれに流されながら適当な着地場所を探索するという。着地場所の砂の性質,水流,競合者との距離,底質表面のバクテリアの量と質などが着地の条件と考えられている。これらの条件が生活に適していれば着地をし,そこで変態をする。着地の条件が満たされなければ,浮遊期間を延長してさらに着地場所を探索し続けるといわれている。黒

潮に乗ってくる多種類の幼生たちの選択の違いによって分布も違ってくる。

タニシなど卵胎生のものは，幼生期を卵の中で終えて稚貝として生まれる。

卵生

写真は，ウジグントウギセルが卵から孵化したばかりのものである。このような生まれ方を卵生と呼んでいる。子どもは胎児（または胎貝）という。殻が3層巻いている。この部分を胎殻と呼び，螺層の数・巻きの方向・彫刻の有無などは分類上大事な形質で，胎殻の有無によって標本の価値が左右される。卵の直径は1.5mm。

③貝の餌（食事）

サザエ・アメフラシ・アワビ類は海藻，アマオブネ・タマキビの類は微小藻類，ウミニナ・カニモリガイ類は泥底上のデトリタス（プランクトンの死骸の集まり），ムシロガイ・イトマキボラ類は死肉，タマガイ類は二枚貝，イモガイ類は多毛類（ゴカイ）・小貝類・小魚類など，貝の種類によって食事のメニューが決まっている。

Topic! 貝に食べられた二枚貝

ホウシュノタマ，ツメタガイ，エゾタマガイなどは広い足で巧みに砂中に潜り，二枚貝に穴をあけ，そこから吻を伸ばして肉を吸い取るのである。二枚貝に穴をあけるメカニズムは，足の裏にある補助穿孔器官を相手の殻に押し当て，酸性物質を出して殻の表面を溶かし，軟らかくしてから歯舌で穴を穿つといわれている。浜に打ち上げられた二枚貝に丸い穴があいているのは，タマガイ類の被害を受けたものである。

④貝の寿命

自然の中で，貝はいったい何年ぐらい生きているのだろうか。次に挙げたのはその疑問に答える若干のデータである。オオシャコを除けば，だいたい3年から10年ぐらい生きていることになる。

①ムラサキイガイ 3年（Hosomi,1980）

②ハマグリ 10年（上城・他,1985）

③アコヤガイ 8年（山口,1955）

④アサリ 2〜3年（熊本水試）

⑤サザエ 7年（伏見・他）

⑥オオシャコ 60年（Perron & Munro）

⑤用語解説
1. 貝殻各部の名称
【巻貝】

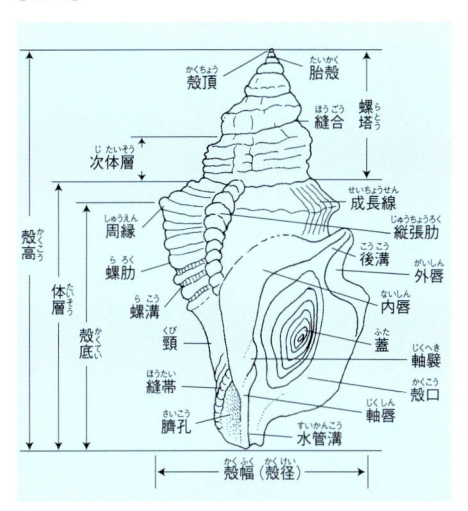

外唇（がいしん）：殻口の外側で，体層の最先端。
殻幅（かくふく）：体層の最もふくらんだ部分の長さ。
殻頂（かくちょう）：貝の巻き始めの部分
殻底（かくてい）：殻の周縁より下の方。
殻口（かくこう）：貝殻の口。
殻高（かくこう）：殻頂から水管溝の先端までの長さ。
殻軸（かくじく）：殻頂から水管溝にかけての殻の中心にあたる部分。
滑層（かっそう）：貝殻の表面にある，エナメルを塗ったような部分。内唇には内唇滑層がある。
臍孔（さいこう）：巻貝が巻きながら成長していくとき，巻きの中心にできた空所。
軸唇（じくしん）：内唇から水管溝に続く部分。
次体層（じたいそう）：体層の次の螺層。
周縁（しゅうえん）：体層の最も幅の広いところ。
縦肋（じゅうろく）：螺層の巻きに沿って，縦にできた成長線の太いもの。
水管溝（すいかんこう）：殻口から下方へ，管状あるいは半管状にのびている部分。
胎殻（たいかく）：巻貝の殻頂にある1〜3層，卵の中で出来た初生殻。
体層（たいそう）：殻口から一回りした，最も大きい螺層の部分。
内唇（ないしん）：巻貝の殻口の内側。
縫合（ほうごう）：巻貝の螺層と螺層の境。
螺層（らそう）：巻貝で螺旋状に巻いた各階のこと。
螺塔（らとう）：次体層から殻頂までの長さ。
螺肋（らろく）：巻貝の成長の方向に平行にのびた太い線。

【二枚貝】

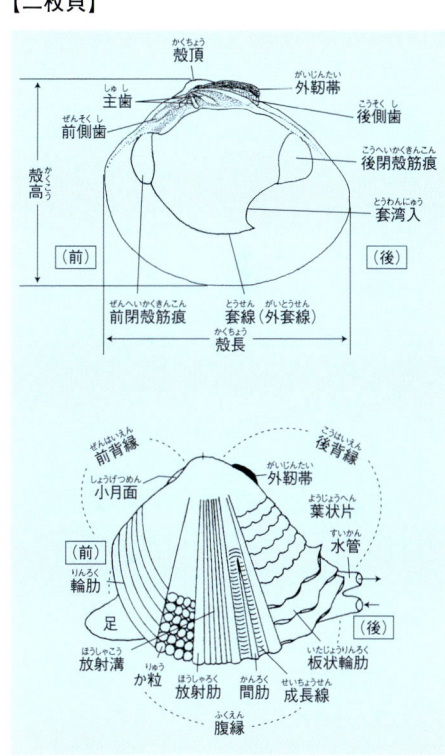

外靭帯（がいじんたい）：二枚貝の左右両殻を結合している角質のバンド。
殻長（かくちょう）：二枚貝の前端から後端までの長さ。
殻高（かくこう）：殻頂から腹縁までの長さ。
主歯（しゅし）：二枚貝の殻頂直下にある放射状に伸びた歯。
成長肋（せいちょうろく）：貝殻の上に残る，成長にともなって生じる太い線。輪肋ともいう。
側歯（そくし）：主歯の前後にある細長い歯。
套線（とうせん）：前閉殻筋痕と後閉殻筋痕を結ぶ，筋肉の付着あと。

閉殻筋痕（へいかくきんこん）：殻を閉じる筋肉（貝柱）の付着していたあと。
放射肋（ほうしゃろく）：二枚貝の殻頂からのびた放射状の肋。

2．生態に関する用語

分布：貝が生息している範囲。
樹上性（じゅじょうせい）：樹幹や木の葉にキセルガイやマイマイが付いていること。
卵胎生：卵が体内で孵化して稚貝（子ども）が生まれること。
繁殖：卵や稚貝を産んで仲間を増やすこと。

コラム

二枚貝の前後と巻貝の巻き方

1. 二枚貝の前後と，左殻・右殻の見分け方
   ❶ 前後
   　外靭帯，套湾入，水管のある方は後ろ。
   ❷ 左殻・右殻
   　殻頂を上にして外靭帯を手前にした時，左側にある殻が左殻。
2. 巻貝の左巻きと右巻き
   　殻頂を上にして殻口を手前にした時，軸唇の右側に殻口があれば右巻き，左側にあれば左巻きである。
   　ミツクチキリオレ科，キセルガイ科の貝はすべて左巻き。巻貝のほとんどは右巻き。

右巻き：テツボラ　　左巻き：ナタマメギセル

I 採集から標本作りまで

標本作りはまず生きた貝の採集から。干潟や潮だまりのほか,川や林の中にもいろんな貝がいます。自然観察をしながら,貝の世界をのぞいてみましょう。

1. 採集用具

貝を生きたままの状態で採集するためには，次のような用具があるといい。

バケツ

ふた付き広口びん

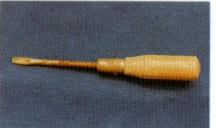

いそ金

マイナスドライバー

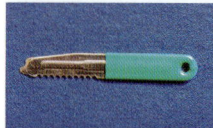

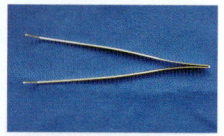

貝割りナイフ

ピンセット

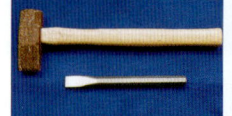

ハンマー，たがね

熊手

軍手

バケツ
　採った貝を入れるためのものであるが，海水を入れておくと，タカラガイなどは外套膜（体の表面をおおっている膜）で体を包んで這いだすところが見られ，アサリなどの二枚貝では足や水管も観察できる。

ふた付き広口びん
　小さな貝を大きな貝と一緒にしておくと見失ってしまうし，また，殻の薄い貝は壊れるので海水の入った小びんに入れておくとよい。びんの中で小さな貝が這っている様子を観察することもできる。

いそ金（ドライバー，貝割りナイフ）
　岩についているカサガイ類や，穴の中にいる貝を採るのに使う。

ピンセット
　ドライバーの使えないような岩の割れ目にいる貝を採るのに使う。

ハンマー，たがね
　岩にくっついている貝やサンゴの中にいる貝は，ハンマーとたがねを上手に使って採る。

熊手
　砂の中にいる貝を採るのに欠かせない。

軍手
　岩につかまったり石をおこしたりするとき，けがをしないために必要である。

コラム

採集と自然保護

　採集は必要最小限にとどめる。特に，環境省のレッドデータブックに指定された絶滅危惧種に至っては，捕獲の規制がなくても採集は慎重に行わなければならない。

　普通種であっても，幼貝・傷もの・老成個体等標本価値の少ないものは，採集現場で選別して自然へ戻すことが何よりも大事である。

　炎天下，潮干狩りでひっくり返した大きな石の上に，幼貝や卵塊を見かけることがある。転石をすみかとしている生活基盤の弱い動物の生活環境は，破壊されやすい。石を元に戻すことによって豊かな自然が期待できるのである。同様に，陸貝採集でも朽木をおこしたらそっと元に戻すことを心がけよう。

2. 採集の場所と方法

　道具がそろったら採集にでかけよう。環境が違えばそこにすむ貝も違ってくる。ここでは生育場所ごとに見られる貝をいくつか紹介する。

point!　採集時に気をつけること
・必要以上に多くの個体を採集しないようにする。
・成貝を採る。幼貝は標本としての価値が少ない。
・付着物が少ないものを採る。
・陸貝では、老成して虫食い状態のものや幼貝は、採集現場で選別して自然へ返す。

【海の貝】

潮上帯にいる貝

アラレタマキビ（徳之島・下久志）

タイワンタマキビ（川内市・倉ノ浦干潟）

イボタマキビ（徳之島・下久志）

潮間帯にいる貝

　岩礁地帯では、瀬があって潮だまりがあり、その中に転石があるような海岸がよい。最も貝の種類が豊富な所である。河口干潟や内湾の干潟は、岩礁地帯にいる貝とは異なる種類の貝がいて採集には好適地である。

①片方の殻で岩にくっついている二枚貝

ケガキ（三島村黒島・片泊港）

マガキ（川内市・船間島橋周辺の干潟）

カスリイシガキモドキ（頴娃町・番所）

オハグロガキ（頴娃町・番所）

採集から標本作りまで

採集から標本作りまで

イワガキ(東市来町・江口浜)

②殻全体で岩にくっついている巻貝

　本土ではどこでもオオヘビガイを見ることができるが, 奄美ではこれに代わってリュウキュウヘビガイが見られる。

オオヘビガイ
(頴娃町・番所)

リュウキュウヘビガイ
(沖永良部島)

③足糸で岩についている二枚貝

　潮間帯にすむ二枚貝の多くは, 足糸(足から出た糸の束)で, 岩についている。ムラサキインコやヒバリモドキは群れをなしている。

ムラサキインコ(頴娃町・番所)

同拡大

クロチョウガイ(頴娃町・番所)

カリガネエガイ(鹿児島市・和田港)

★地方名

　鹿児島県本土ではヒバリモドキやムラサキインコのことを「カラスガイ」と呼んでいる。

④平たい足で岩にくっついている巻貝

　岩にくっついている貝は, マイナスドライバーか, 貝割りナイフで一気にはがさないと, 採るのはむずかしい。

マツバガイ(志布志町・夏井)

ウノアシ(鹿児島市・和田港)

コウダカカラマツ（奄美大島・秋名）

⑤岩の割れ目や穴にひそんでいる貝

イボニシ（知覧町塩屋）

ゴマフニナ（知覧町塩屋）

シマレイシダマシ（桜島・袴腰）

注意！
磯採集で気をつけること
- 海藻の着いている岩に乗ると、すべることがあるので十分注意する。
- 不用意に岩の穴に手を突っ込むと、ウニの針がささることがあるので注意する。

⑥潮だまりにいる貝

ナツメモドキの抱卵（志布志町夏井）

ナツメモドキと卵塊（志布志町夏井）

★石の裏側に卵塊を見つけたら、必ず元の状態にもどしておこう。

スカシガイ（屋久島・田代ケ浜）

ヒラスカシ（屋久島・田代ケ浜）

メクラガイ（奄美大島・秋名）

採集から標本作りまで

14

採集から標本作りまで

テツレイシ（奄美大島・秋名）

マダライモ（屋久島・田代ケ浜）

コオニコブシ（宮古島・八重干瀬）

シマベッコウバイ（桜島・袴腰）

オトメガサ・白色型（志布志町夏井）

オトメガサ・黒色型（志布志町夏井）

★オトメガサの殻は外套膜で覆われている。外套膜の色は白いものと，うすい灰褐色の地に黒い模様のあるものの2つの型がある。

ミスガイ（開聞町・花瀬）

シラナミ（笠利町須野）

キヌマトイ（桜島・袴腰）

ミミエガイ（桜島・袴腰）

トマヤガイ（桜島・袴腰）

エガイ（桜島・袴腰）

ツヤマメアゲマキ（市来町・戸崎）

ヒザラガイ（頴娃町・番所）

オニヒザラガイ
（奄美大島・秋名）

アシヤガイ（市来町・戸崎）

ケハダヒザラガイ
（頴娃町・番所）

ニシキヒザラガイ
（頴娃町・番所）

ジュズカケサヤガタイモ
（頴娃町・番所）

Topic! 殻をもたない巻貝

腹足類（巻貝類）の中に後鰓類というグループがある。後鰓類の中には，アオウミウシ，イソアワモチなど殻をもたない貝も多い。

アオウミウシ
（屋久島・田代ケ浜）

イソアワモチ
（沖永良部島）

⑦サンゴに着生している巻貝

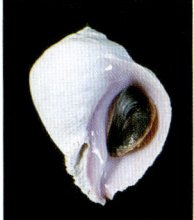

クチムラサキサンゴヤドリ
（沖永良部島）

カブトサンゴヤドリ
（大分県・深島）

スジサンゴヤドリ
（大分県・深島）

トヨツガイ
（大分県・深島）

⑧サンゴに穴をあけてすんでいる貝（穿孔性の貝）

セミアサリ，ムロガイ，イシカブラ，フタモチヘビガイ，ツクエガイ，イシマテ，カクレイシマテなどは，サンゴに穴をあけて一生そこで生活している。成長して体が大きくなると，自分でまわりをけずって居住空間を広げる。これらの貝を採るにはサンゴを割らなければならない。

サンゴを割る

セミアサリ（頴娃町・番所）

セミアサリ（上甑島・市の浦）

採集から標本作りまで

ツクエガイ（頴娃町・番所） 　同拡大

カクレイシマテ（上甑島・市の浦）　フタモチヘビガイ（宮古島・八重干瀬）

船間島橋周辺の干潟（川内市）

ウミニナ（船間島橋周辺の干潟）　フトヘナタリ（船間島橋周辺の干潟）

⑨砂地にすむ貝
- 波打ち際付近の砂地―ナミノコガイ，フジノハナガイ，イソハマグリなど
- 潮が引いたあとの干潟―アサリ，オキアサリ，ホソスジイナミガイなど

⑩河口干潟にすむ貝
　河口に広がる干潟には，砂浜とはまた違った貝が生息している。

八房川河口（串木野市）

川内川河口・倉ノ浦干潟（川内市久見崎町）

ホウシュノタマ（八房川河口）

アラムシロ（倉ノ浦干潟）

潮下帯の貝
　砂浜や岩場以外でも，生きた貝が採れる場所がある。
①刺し網
　漁港では早朝，刺し網を引き揚げている。魚やイセエビが漁の目的ではあるが，貝もかかっている。ショウジョウガイ，サソリガイ，ヒメゴホウラ，アンボイナ，イトマキボラ，ヤツシロガイ，ヒメホネガイ，バショウガイ，クマサカガイ，イソバショウ，スイジガイ，オオナルトボラなど。

②漁労くず

ハナムシロ、コシロガイ、サラサバイ、コエボシ、ムギガイなどの貝が得られるが、最近は港の環境美化のため漁くずを沖で捨てるケースが多くなり、漁労くずからの収穫は少なくなった。

③蛸つぼ

港に置かれた蛸つぼの中を覗くとクチグロキヌタ・スナゴスエモノ・オニカゴメなどが採れる。

コラム

潮干狩りに良い季節

干潮は毎日2回やってくる。潮汐表を見て潮位(潮高)の数値が小さいほど潮の引きは大きい。潮位(基準面から測った海面の高さ)は毎日変わり、季節によっても変動が大きい。年に潮が最も引くのは旧暦4月中旬(2003年は5月17日, 14:01, 潮高-25cm)の大潮で、最大干潮となる。この頃が潮干狩りに最も適している。月で潮が最も引くのは、新月(旧暦の1日)または満月(旧暦の15日)の前後2～3日の頃である。(2003, 鹿児島県潮汐表)

海の貝は、同じ海岸でもそのつど採れる貝の種類が違うので、一年を通じて干潮のときに足しげく海岸に行って採集するとよい。また、台風の去った後に行くと珍しい種類の貝が打ち上げられていることもある。

【陸の貝】

陸貝の採集には雨の後を選ぶといい。雨が降ると、今まで落ち葉の中や木の葉の裏・樹幹の皮にかくれていた陸貝は、人目につくところへ出てくるようになる。神社境内は森林が保護されているので、陸貝の生息条件も確保されていて採集には好適地である。

①落ち葉や朽木の下にいる貝

チャイロマイマイ
(宇治群島・家島)

タネガシママイマイ
(宇治群島・家島)

ミジンヤマタニシ
(宇治群島・家島)

タカカサマイマイ
(屋久島・安房)

ホリマイマイ(宇治群島・家島)

ウジグントウギセル(宇治群島・向島)

ヤクシマベッコウ
(屋久島・安房)

テラマチベッコウ
(伊集院町麦生田, 中里力採集)

採集から標本作りまで

18

採集から標本作りまで

コシキオオヒラベッコウ
（下甑島，魚住賢司採集）

ヤクシマゴマガイ
（屋久島・平内）

コベソマイマイ
（肝属郡・稲尾岳）

トクノシマケハダシワクチマイマイ（徳之島・井之川岳）

ハジメテビロウドマイマイ
（宇治群島・向島）

ウジグントウゴマガイ
（宇治群島・家島）

ヤコビキセル
（屋久島・船行）

ウジグントウマイマイ（宇治群島・向島）

ナミハダギセル
（大隅半島・稲尾岳）

クチビラキムシオイ
（宇治群島・家島）

タネガシマムシオイ
（屋久島・安房）

ヒゼンオトメマイマイ
（田代町）

オカチョウジ
（宇治群島・家島）

Topic! カタツムリの仮眠

ウジグントウマイマイ

チャイロマイマイ

オオスミウスカワマイマイ
（佐多町・佐多岬）

ホリマイマイ

「夏の暑い時期，湿度が低くなって空気が乾燥

してくると，カタツムリの仲間は岩の下や木の穴の中にひそみ，じっと，乾燥から体を守り耐えるようになる。岩の下や木の穴にかくれたカタツムリは，体を殻の中にひっこめる。そして，殻の中から水分が逃げないように，体から粘液を出して殻の口を閉じてしまう。乾くとセロファン，または薄い障子紙のような膜になる。これを専門的にはエピフラムと呼んでいる。

　エピフラムによって完全に殻を閉じてしまうと呼吸ができなくなるが，よく注意して見ると小さな穴が開けられている。この小さな穴から呼吸のための酸素をとっている。このように，湿度が低くなってくるとカタツムリは活動がにぶくなり，殻の中に体を引き込め，木の幹にくっついて活動をとめてしまう。これは仮眠(または休眠)といって，カタツムリの行動の特徴である」(湊 宏, 1988.『カタツムリ』誠文堂新光社より)

注意！

有毒生物に注意！

　本土ではマムシ，奄美大島・徳之島ではハブに十分気をつける。落ち葉をあさったり，朽木をおこすとムカデがとび出す。また，スズメバチなど有毒野生動物への警戒を怠ってはならない。

②石垣やブロック塀にいる貝

ハラブトギセル（屋久島・安房）

ツクシマイマイ（鹿児島市上福元町）

ギュリキギセル（鹿児島市上福元町）

③木の幹や葉の裏にいる貝

クロシマギセル（三島村・黒島）

チャイロキセルモドキ（宇治群島・家島）

ミドリマイマイ（徳之島・井之川岳）

トクノシマヤマタカマイマイ（徳之島・井之川岳）

グゥドベッコウ

ヤセオキナワヤマキサゴ（徳之島・井之川岳）

④庭や畑にいる貝

コハクオナジマイマイ（鹿児島市上福元町）

オナジマイマイ（下甑島・手打）

ウスカワマイマイ（鹿児島市上福元町）

アフリカマイマイ（名瀬市大熊）

採集から標本作りまで

Topic! 殻のないカタツムリ―ナメクジ

ナメクジやウミウシは殻を持たない，採集してそのままにしておけば死んでしまう。研究のため保存するにはアルコールに入れて液浸標本にするしかない。

①貝殻がまったくないもの

ナメクジ（鹿児島市上福元町）

ヤマナメクジ（指宿市，池元正己採集）

ヤマナメクジ（宇治群島・家島）

イボイボナメクジ（宇治群島・家島）

②殻が退化して体内にあるもの

チャコウラナメクジはつつくと体を丸める。頭の部分に襞があるが，その下に石灰質の薄い板状のものがある。これが退化した殻である。水酸化ナトリウム液に入れて加熱すると肉はどろどろに溶けるが，石灰質の殻は溶けずに残っている。

チャコウラナメクジ（鹿児島市上福元町）

【淡水・汽水域の貝】

①川にすむ貝

●上・中流

カワニナ（川内市湯島町）

チリメンカワニナ（大口市・曽木の滝用水路）

マシジミ（菱刈町・瓜之峯用水路）

●河口付近（汽水域）

ヤマトシジミ（姶良町・別府川河口）

タケノコカワニナ（川内市湯島町）

ヤマトシジミは河口の汽水域に生息しているので，中流にすむマシジミとは生息場所で区別がつく。

★汽水域―河口付近の真水と海水が混じり合っているところ。

②池にすむ貝

ドブガイ（大口市・じょ池）

③田んぼにすむ貝

ヒラマキミズマイマイ
（鹿児島市上福元町）

スクミリンゴガイ
（鹿児島市上福元町）

ミズゴマツボ
（川内市青山町）

モノアラガイ
（国分市広瀬）

④湿原にすむ貝

屋久島・花之江河

ハベマメシジミ

屋久島には花之江河と小花之江河に小規模ながら湿原がある。写真でも分かるように土砂の流入によって陸化が進み、水生生物にとっては環境が悪化している。ハベマメシジミは花之江河・小花之江河にすむ高地性淡水産二枚貝で屋久島の固有種であり、十分な保護対策が望まれる。

コラム

奇妙な話—オス化する貝

　メスの貝にペニスや輸精管ができる一種の奇形を「インポセックス」という。オス化したメスはこの時点で雌性器と雄性器を持ち、雌雄同体となる。1995年6月現在、日本産海産巻貝で38種の事例が報告されており、身近でよく知られているのはイボニシである。奇形の原因は船底や漁網の塗料として使われたトリブチルスズ（TBT）とトリフェニルスズ（TPT）である。インポセックスを引き起こす海水中のトリブチルスズ濃度は、1ナノグラム／ℓ つまり縦500m、横200m、深さ10mの海水プールに1g（小さじ1杯のコーヒーの量）のトリブチルスズが溶け込んだときの濃度、といわれている。イボニシでは、重症のインポセックスの場合、輸卵管末端の開口部がふさがって産卵不能になると考えられ、その症状が回復することはない。

　日本では、1965年頃からトリブチルスズが使われ始め、1967年頃全国に拡大した。愛知・豊浜漁協のデータによると、1970年頃からインポセックスのため、バイ（食用貝）の漁獲量はだんだん減少し1983年にはゼロになっている。バイはインポセックスになると産卵障害の影響が大きく、そのため生息量が極端に減少したと考えられている。

採集から標本作りまで

ハベマメシジミの採集と飼育観察記録

【採集】

ハベマメシジミの生息地（屋久島・花之江河）は、国立公園特別保護区（環境省）・史跡名勝天然記念物（文化庁）・森林生態系保護地域（林野庁）に指定されている。2001年（平成12年）10月5日、国立公園事務所・九州森林管理局の許可を得て、花之江河と小花之江河で10個採取し、フィルムケースに入れて持ち帰った。

【飼育観察】

ハベマメシジミ

左：水管　右：足

2001年（平成12年）10月9日、直径9cm、高さ12cmの円筒形のびんに水をいれ、その中に10個の貝を入れる。水は近くの公園から湧き水を持ってきた。この狭い容器の中でどれくらい生きるだろうかとわくわくしながら観察を始めた。スポイトで水を噴射したとき足を出せば生きている、と判断することにした。

10月20日朝、1個足を出した。（水温20℃）
10月26日朝、3個足を出した。

10月27日朝、2個足を出した。容器内に異様なものを4個発見。早速、シャーレに移して実体顕微鏡にかけたら、透けた殻の中で心臓の鼓動と足の動きがはっきり観察できた。

稚貝の殻長0.5mm～1.8mm

稚貝の殻長0.5mm（水温23℃）。公園の池の中にある落ち葉を持ってきて入れた。

10月29日朝、稚貝は8個に増えた。シャーレに取って観察すると、足を伸ばし、カタツムリが這うように体を引きずって前進する。足の反対側で心臓の鼓動が見られる。

11月3日朝、3個足を出している（水温20℃）。（中略）

このように2002年（平成13年）6月10日まで観察を続け、容器を掃除して全体の生死を確かめた。

・稚貝──8個（死）
・成貝──4個（生）、6個（死）

【まとめ】

室内の狭い容器の中で長期間生き続けたことで、水槽のような大きな容器に生息環境に近い環境が設定できて飼育を続ければ、もっといい結果が期待できるかも知れない。

3．処理の仕方

採ってきた貝の処理は早めにおこなおう。処理の順番は、①肉抜き　②清掃　③乾燥　④蓋をつける　⑤箱につめる　⑥名前を調べる　⑦ラベルを貼る。

①肉抜き

1. 針

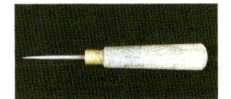

2. 千枚通し

3. 歯科用ガラス水銃

【用具】1. 針：肉を抜くのには欠かせない。2. 千枚通し：針で抜けない大き目の貝の肉抜きに使う。3. 歯科用ガラス水銃(5cc)：水中で小型の貝の口に当て水を噴射すると肉はとび出す。

●海の貝・淡水の貝の肉抜き
(1) 沸騰したお湯に入れて1～2分で火を止める。
(2) 巻貝は針を肉に突きさし、貝の巻きと反対方向にゆっくり殻をまわす。
(3) 内臓が切れて残った時は肉を腐らせた後、水を入れて強く振り出す。

水道の蛇口に指を当てて、高圧の水を殻口から入れてみるのも一つの方法である。

小型の貝では歯科用ガラス水銃を使うと確実にとれる。

・肉抜きしやすい貝―ホウシュノタマ、スガイなど

ホウシュノタマ

ホウシュノタマの肉

スガイ

・肉抜きしにくい貝―イシダタミ、ウズイチモンジなど

●タカラガイ類・ウミウサギ類の肉抜き
ふた付きの広口ビンに入れてふたを閉じ、10日間そのままにしておくと肉は腐る。(ふた付きにするのは、腐った時のにおいが外にもれないため)

殻の前方から水を入れて強く振り出すと、どろどろに腐った肉が出てくる。肉が出なくなるまで繰り返す。

●ヒザラガイ類の処理
(1) 海水の入ったびんの中に入れて持ち帰る。
(2) びんの壁に張り付いているのを確認して、海水と水道水を入れ替える。
(3) 半日ぐらいおいてヒザラガイを取り出し、腹面の平たい部分(足)をピンセットや千枚通しで切り開くと内臓もきれいに取れる。
(4) ヒザラガイより少し幅広い板に腹面を下にして、糸でぐるぐると巻き付ける。
(5) 一週間ぐらいで乾燥したら糸を解く。

●微小貝(大きさ5mm以下)の処理
小さな貝は肉抜きがむずかしい。アルコールに一晩つけた後、取り出して一週間ぐらい乾燥する。

Topic!　砂浜の微少貝

満潮線付近に座って砂を注意して見ると、微小貝(5mm以下)が見つかる。1個ずつ拾いあげるのは能率が上がらない。砂を袋に持ち帰り、机上でルーペを使って色や模様・彫刻などが自然の状態に近いものを取り出す。

この貝の処理は①塩気を取り除くため水洗いをして干す。②10日ぐらいして乾燥したら、殻口につまっている砂を針で取り出す。この採集方法だと、かねて気が付かない珍しい貝が得られ、標本数を増やすことができる。貝の収集家は微小

貝が比較的多く入った砂浜を，長年の経験でよく知っている。写真は奄美大島の海の砂である。

チゴアシヤ

サンショウガイ 　　サンショウスガイ

ベニツブサンショウ 　　ベニバイ

キバベニバイ 　　ノミニナモドキ

カスリコウシツブ　　テンスジコウシツブ

イボイボハラブトシャジク 　　アラレモモイロフタナシシャジク

このほか，台風や冬の大時化で生きた貝が打ち上げられることがある。この貝は前に述べた通りの方法で肉を抜いて仕上げる。

●陸の貝の肉抜き
(1) 水中に入れておく
　びんの中に貝を入れたら水を満たしてふたをし，一晩そのままにしておくと体を出したまま死ぬ。

窒息死したカタツムリ

窒息死したウジグントウギセル

(2) 沸騰した湯の中で1〜2分間煮る。
(3) 針で肉を突き刺し，殻を貝の巻きと反対方向にゆっくり回して肉を取る。

ウジグントウマイマイ

チャイロキセルモドキ

ウジグントウギセル

(4) 肉が切れたら
　水中で歯科用ガラス水銃を貝の口にあて、水を強く噴射すると、切れた内臓も水と共にとび出す。
(5) それでもだめなら
　ふた付きのビンの中に入れて肉が腐るのを待って、もう一度歯科用ガラス水銃で除肉を試みるとよい。肉が少しでも残っていると、ハエが中に入って産卵し、蛆が出てくるので大変厄介である。

②殻の清掃

1. 針  ・針の先端

2. 千枚通し 　　3. スケラー

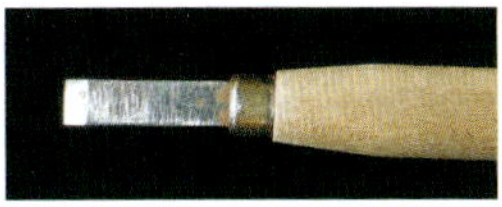

4. 彫刻刀

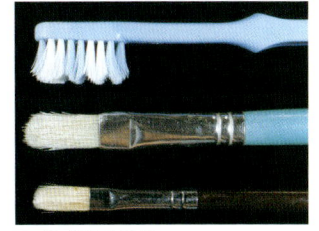

5. 歯ブラシと絵筆

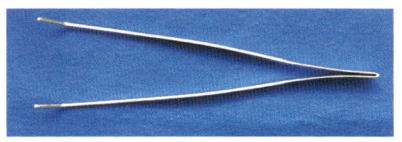

6. ピンセット

7. 歯科用ガラス水銃

【用具】1. 針：革靴の縫い針。先端が鋭い角錐になっているので、付着物を削り取るのに使う。2. 千枚通し：螺肋・突起・放射肋の間の付着物を取るのに使う。3. スケラー：突起の間の付着物を取るのに使う。4. 彫刻刀：付着物を削り取るのに使う。5の上. 歯ブラシ：表面のよごれを取るのに最も適している。5の下. 絵筆：毛の硬い方で、陸貝の縫合・臍孔や殻の薄い貝のよごれを取るのに使う。6. ピンセット：表面の付着物を削り取ったり、蓋を付けたりするときにも使う。7. 歯科用ガラス水銃：肉抜きの時、取り残されているところを再度仕上げる。カタツムリの臍孔には土が詰まっているので、ピンセットで取った後、水を噴射するとよい。

シュモクガイ 清掃する前

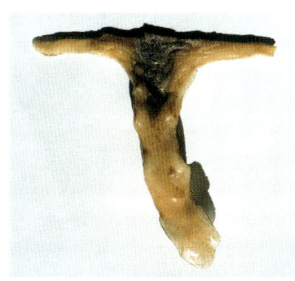

清掃した後

殻の表面には海藻やゴカイの棲管、フジツボ

採集から標本作りまで

のほか，泥が付着している。表面の模様や彫刻を確認するためにも，付着物は除去しなければならない。肉を抜き取った後，ピンセットや千枚通し・針などを使って，殻の表面にある付着物をていねいに取り除く。最後に螺肋や放射肋・縫合・臍孔などを，歯ブラシや絵筆で洗う。

　二枚貝は二枚の殻を合わせて糸で巻き付ける。雨にぬれないよう，家の中で乾燥させる。

注意！　薬品使用について

(1) 殻を掃除するとき塩酸を使うと，付着物を取ることはできるが，同時に細かい棘や模様も溶け落ち艶もなくなるので，使わない方がよい。
(2) 石灰質の付着物を取るには，ハイポ（または次亜塩素酸ソーダ）を薄めて，その中に一晩つけてから清掃すると取りやすくなる。
(3) 殻皮をどうするか
　殻皮はタンパク質からなり，体の一部である。貝の種類によってさまざまで，分類の決め手になることもあるので取り除かない方がよい。イモガイ類のように殻皮があると模様が見えないものは，水酸化ナトリウム（苛性ソーダ）の薄い液に2,3日つけた後，水で十分洗い流しながらブラシをかける。ただし，水酸化ナトリウムは劇物なので，専門の先生の指導のもとで取り扱って欲しいし，液が皮膚や衣服に付いたときは，すぐさま水で洗い流す必要がある。

③乾燥

　掃除が終わったら，殻を手に持って強く振り，中の水を出す。巻貝は殻口を上にして蓋を中に入れておく（同じ種類でも個体によって蓋の大きさがちがう）。貝を雨ざらし・日ざらしにすると艶がなくなるので，庭に出して置かないようにする。

④蓋をつける

(1) 蓋の裏・表を確かめる。
　肉の付着痕で蓋の表裏を見分けるが，見分けにくい貝もある。
(2) 巻貝は口に脱脂綿をつめ，蓋をのりづけする。

①　　　　②　　　　③
①脱脂綿を手で軽く丸める。②貝の口に入れた綿の面をピンセットでととのえる。③蓋の裏にのりをつけ，蓋の向きを確かめて中に入れピンセットで調整する。

● 見分けやすい蓋
　肉の付着痕があるほうが裏。膨らんでいるほうは表。

表
裏
サザエ

表
裏
サツマツブリ

テングガイ

チョウセンサザエ

ウズラミヤシロ　　トカシオリイレ

ミミガイ

ミスガイ　　マツバガイ

●見分けにくい蓋
表側──中央がややくぼみ，縁は内側へ反り返る。

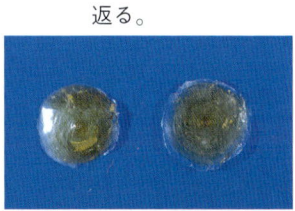

イシダタミの蓋
左：裏
右：表

ギンタカハマ
左：裏
右：表

●蓋をもたない巻貝

ヤクシマダカラ 　　ヤツシロガイ

⑤標本を箱につめる
(1) 標本箱の大きさは，縦40cm，横30cm（鹿児島県小・中・高等学校理科教育研究協議会）。一つの枠の大きさは，だいたい5cm×6cmとなっている。

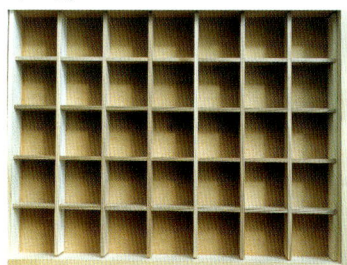

標本箱

採集から標本作りまで

(2) 貝の並べ方

① 枠に合った大きさにエアーキャップを切って入れ、その上に脱脂綿（5×5cmのカット綿を少しのばす）を乗せる。

② 貝を箱につめるときは、科ごとに似た貝を近くに置くようにする。

③ 巻貝は必ず口を上にし、2～3個入れる場合は、1個は背中を上にする。口を見ないと背中だけでは区別できない。タカラガイ類は、模様のある背中を上にする。

1：アカイガレイシ　2：ムラサキイガレイシ　3：ヒロクチイガレイシ　4：シロイガレイシ　5：キマダライガレイシ　6：キナレイシ　7：シロクチキナレイシ

point! 箱につめるときの注意

・大きい貝はしきりを切って2～4枠分使う。
・二枚貝はできるだけ外面と内面が見えるように工夫して入れる。
・殻にニスをぬってはいけない。テカテカ光って不自然である。標本は装飾品ではない。

⑥ 名前を調べる

・図鑑で調べる
・同じ種類の貝でもいろいろな模様がある。模様だけでは決められない貝もある。

ゴシキザクラ

シボリザクラ

ニシキアマオブネ

オキアサリ

- 貝の大きさに気をつける。
- 分布・生息地も考慮する。
- 名付け会で確かめる。8月下旬になると、市町村ごとに名付け会がもたれる。

⑦ラベルを貼る

幅1cm、長さ4cmの紙に番号と和名、採集地を書いたラベルをはる。

ラベルに名前を書く前に、ぜひ図鑑で確認して欲しい。間違った名前を書いてあるのを良く見かける。名前のチェックは必要である。

図鑑で調べた名前は名付け会で確かめる。

名付け会で聞いた名前は、図鑑でもう一度確かめる。

● ラベルの例

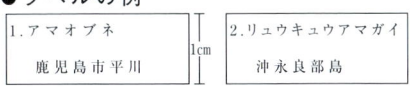

1.アマオブネ	2.リュウキュウアマガイ
鹿児島市平川	沖永良部島

（幅1cm、長さ4cm）

コラム

大型船が運ぶ外来種

ミドリイガイ

外国からやってきた貝は58種知られている。海産種の場合の侵入経路は大型貨物船のバラスト水による持ち込みが多い。外国の港に着いた船舶は積荷を降ろすと船の安定性を保つため、空になったタンクに海水を入れて重しとする。この海水をバラスト水と呼び、取水するときプランクトン・底生生物・浮遊幼生などを同時に取り込む。日本に帰港したとき、長い航海に耐え抜いた貝の浮遊幼生もバラスト水とともに放出される。それらの生物は、新天地の環境に適応して定着し、次第に分布を広げるようになる。ミドリイガイ、ムラサキイガイ、コウロエンカワヒバリなどはこのような侵入経路で日本にやってきた。

ミドリイガイの原産地・生息状況は概ね次のようである。

①原産地　インド洋から西太平洋の熱帯海域にすむ付着性二枚貝。

②生息状況　日本で最初の発見は1967年兵庫県御津町で、1980年代に入ると、大阪湾、東京湾で相次いで見つかり、1990年代には伊勢・三河湾を含め、三大都市圏に面した内湾および周辺海域に出現するようになった（『外来種ハンドブック』、日本生態学会編）。その後、志布志湾でも見つかっている。

採集から標本作りまで

4. 標本目録の一例

番号	和　名	科　名	採集地	採集年月日	生息場所のようす
1	アマオブネ	アマオブネ科	知覧町塩屋	2003.5.1	潮間帯の石の下
2	アマガイ	アマオブネ科	知覧町松ケ浦	2003.7.10	潮間帯の潮だまり
3	フトスジアマガイ	アマオブネ科	沖永良部島	2003.8.5	潮間帯上部の岩のくぼみ
4	キバアマガイ	アマオブネ科	奄美大島	2003.4.20	潮間帯上部の岩のくぼみ
5	リュウキュウアマガイ	アマオブネ科	与論島	2003.8.2	潮間帯上部の岩の上
6	レイシダマシ	アッキガイ科	山川町・長崎鼻	2003.7.20	潮間帯上部の岩の上
7	シマレイシダマシ	アッキガイ科	桜島・袴腰	2003.7.30	潮間帯の岩のくぼみ
8	レイダマシモドキ	アッキガイ科	山川町・長崎鼻	2003.5.5	潮間帯の岩の割れ目
9	ウネレイシダマシ	アッキガイ科	鹿児島市平川町	2003.6.7	潮間帯の石の下
10	ハナマルユキ	タカラガイ科	開聞町花瀬	2003.7.10	潮間帯の潮だまり
11	ハナビラダカラ	タカラガイ科	徳之島	2003.8.12	潮間帯の潮だまり
12	オキアサリ	マルスダレガイ科	加世田市新川	2003.5.3	潮間帯の砂の中
13	コタマガイ	マルスダレガイ科	志布志湾	2003.7.10	打ち上げ(台風後)
14	アラレタマキビ	タマキビ科	屋久島	2003.5.1	潮上帯の岩の上
15	タイワンタマキビ	タマキビ科	開聞町花瀬	2003.7.10	潮上帯の岩の上
16	コンペイトウガイ	タマキビ科	与論島	2003.8.2	潮上帯の岩の上
17	ウズラタマキビ	タマキビ科	沖永良部島	2003.7.5	潮上帯の岩の上
18	ヒメウズラタマキビ	タマキビ科	鹿児島市・和田港	2003.8.15	潮上帯(コンクリート壁)
19	ホソスジウズラタマキビ	タマキビ科	沖永良部島	2003.7.5	潮上帯の岩の上

5. 良い標本・悪い標本

　自分で作った標本を, いくつかの観点からもう一度チェックしてみよう。

　チェックポイントは,
① 成貝かどうか。(幼貝は未成熟で標本に適さない)
② 殻は腐蝕してないか。
③ 処理は適切かどうか。(残肉・殻皮の有無など)
・質の良い標本──色・艶・模様・彫刻・突起・蓋など保有するすべての特徴をもった標本。
・質の悪い標本──本来あるべき特徴が一つでも欠けると完全な標本とは言えない。ただし, この中には上のランクとの区別がつかないものから, 貝殻のかけらまでいろいろある。

ヒメカノコ
腐蝕のひどい貝

ハラブトギセル

良　　幼貝　　残肉　　残肉・殻皮なし

ヒメホネガイ
左：良　右：突起なし

クロシマベッコウ
肉が残っていると, 殻の薄い貝は外から黒く透けて見える。

ヤナギシボリイモ
左：殻皮なし(良)
右：殻皮あり

マガキガイ
左：殻皮なし(良)
右：殻皮あり

上列：良
下列：不良

左：良　右：不良

採集から標本作りまで

不良標本のいろいろ

3：ホウズキチョウチン（触手動物・腕足類）
4：カメノテ（節足動物・蔓脚類）
5：エボシガイ（節足動物・蔓脚類）
6：ウニの骨（棘皮動物・ウニ類）
7：イガグリガイ（腔腸動物・ヒドロ虫類）
8：ツノガイダマシ（環形動物・多毛虫類の棲管）
9：オオシャミセンガイ（触手動物・腕足類）

注意！ 貝と紛らわしいもの

以下のものは貝の仲間のように思われがちだが、貝ではないので注意しよう。

1：オオアカフジツボ（節足動物・蔓脚類）
2：ナミベリハスノハカシパン（棘皮動物・ウニ類）

コラム

レッドデータブックについて

　道路、宅地造成、河川改修、干潟埋め立て等、様々な開発によって動植物の生息環境は極度に悪化し、野生生物の中には絶滅の危機に瀕しているものが少なくない。

　1966年、国際自然保護連合は絶滅のおそれのある野生生物の種をリストアップし、その生息状況を解説した。日本では1989年、「わが国における保護上重要な植物種の現状」が刊行された。また、動物については、1991年に環境庁（現環境省）が「日本の絶滅のおそれのある野生生物（レッドデータブック）」として、脊椎動物と無脊椎動物を刊行した。その後、各県で同様の刊行物が続々と刊行されるようになり、鹿児島県でも2003年3月、哺乳類、鳥類、爬虫類、両生類、汽水・淡水産魚類、昆虫類、陸・淡水産貝類、汽水・淡水産十脚甲殻類、維管束植物を登載した「鹿児島県レッドデータブック」を刊行した。

　絶滅のおそれのある種は、各県によって対象種やランクに違いがあるのは当然のことである。本書の「形の似た貝（陸・淡水の貝）」の項にあるカテゴリーは、「鹿児島県レッドデータブック」に準拠している。

Ⅱ 貝の見分け方

日本だけでも約10000種いるという貝の仲間。名前を調べるのはとても大変です。ここでは普通種を中心に，よく似た貝の見分け方を詳しく解説しました。

1. 和名と科名

標本作りの最終段階は名前を調べることである。名前には、和名、科名、学名があるが、その中で和名と科名について解説する。

①和名について

和名の書き方

和名はカタカナで書く。漢字を使わない。
オオヘビ貝—オオヘビガイ
おにのつの貝—オニノツノガイ

表記の違い

和名の書き方（表記）が、図鑑・目録によって違いがある。

例「ナツメモドキ」

ナツメモドキ
『原色日本貝類図鑑』
1966, 保育社

ナツメガイモドキ
『標準原色貝類図鑑　貝』
1967, 保育社

ナツメガイモドキ
『学研中高生図鑑　貝Ⅰ』1975, 学習研究社

ナツメダカラガイモドキ
『決定版生物大図鑑　貝類』1986, 世界文化社

ナツメモドキ
『日本及び周辺地域産軟体動物総目録』1993, エル貝類出版局

ナツメモドキ
『日本近海産貝類図鑑』2000, 東海大出版会

「ガイ」を付けるかどうか

和名について、『貝の和名』（岡本正豊・奥谷喬司, 1997, 相模貝類同好会）では次のように述べている。

—— 近年和名の語尾に—ガイを付ける例が多いが、これは、波部忠重博士が日本物動図鑑（北隆館, 1979）において、本来貝でないもの（例えば荔枝、天蓋、瓔珞など）をそのまま（いうなれば"呼び捨て"で）貝名にするのは好ましくないとして、それが貝であることを明確に表すように—ガイを付した。従って、本来貝を表している名詞（ハマグリ、サザエなどの単名のほか、—ニナ、—バイ、—ツブなどの語尾で終わるもの）についてはそのままとした。これは正論であり、本来そうあるべきであろうが、それ以後—ガイなど貝を表す語を省略することを前提として付けられていた従来の和名にも—ガイを付加して呼ぶことが多くなった。

しかし、—ガイを略す前提で付けられた和名を「単純に—ガイを付ける」形で改めることには問題がある。—ガイを付けないために生じていた濁音が残って、却って和名の意味がとりにくくなったもの（ニシキヅノガイ、ゴマフダマガイ、フトギリガイなど）、従来の和名で省略されていた基名に一部を補わねば—ガイを付けるのに無理があり、省略部分の認識に個人差がある（—タケを—タケガイの略とみるか、—タケノコガイの略とみるかなど）ため、同一種にいくつもの補正和名が生じたり、モドキ・ダマシの付く名では従来の和名と著しく語感が変わって、混乱を生じているものがある（ナツメモドキ→ナツメガイモドキ,ナツメダカラガイモドキ）。そのためか、近年は復古的に—ガイを省いて昔の和名を用いる出版物も現れている——

2000年12月に出版された『日本近海産貝類図鑑』（奥谷喬司編著）でも、和名については前記のことを追認している。私も同じ考えで、本書では—ガイを省いた。

名前の後ろに「ガイ」をつけない貝

- 「—アサリ」で終わる貝
  アサリ, オキアサリ, サツマアサリ, セミアサリ, ヒメアサリ, リュウキュウアサリ
- 「—ハマグリ」で終わる貝
  ハマグリ, イオウハマグリ, ウスハマグリ, ユウゲハマグリ, チョウセンハマグリ
- 「—サザエ」で終わる貝
  サザエ, コシダカサザエ, チョウセンサザエ, ニシキサザエ
- 「—ボラ」で終わる貝

イサザボラ, イトマキボラ, オリイレボラ, モモエボラ, コンゴウボラ, ガンゼキボラ
- 「―バイ」で終わる貝
バイ, エゾバイ, サラサバイ, オリイレヨフバイ
- 「―ニナ」で終わる貝
ウミニナ, イソニナ, カワニナ, ニシキニナ, ヤドリニナ, ゴマフニナ, ノミニナ
- 「―ニシ」で終わる貝
アカニシ, ナガニシ, イボニシ, タニシ, オキニシ, テングニシ
- 「―ラ」で終わる貝
バテイラ, ショウジョウラ, ショクコウラ
- 「―ツボ」で終わる貝
ゴマツボ, モツボ, レイシツボ
- 「―ガキ」で終わる貝
マガキ, ケガキ, オハグロガキ, トサカガキ, イワガキ, ワニガキ, シャコガキ

まちがいやすい和名

マガキ　　マガキガイ

②図鑑によって異なる名前

『日本近海産貝類図鑑』には従来の図鑑にない和名や科名が使われており、本書もこれに準じている。それらを次に書き出してみる。

初めにあるのが『日本近海産貝類図鑑』の分類で、括弧書きは他の図鑑で使われている和名または科名である。科名の前にある（新）は新設された科名であることを、また：で示したものは、その種だけがその科に入ることを表す。

和名
- コベルトカニモリ（コオロギ）
- フトスジムカシタモト（ヒダトリガイ）
- イナミガイ（ヒメイナミガイ）
- ワニガイ（ワニガキ）

科名
- （新）クサズリガイ科（ヒザラガイ科）
- （新）ヨメガカサ科：ツタノハ科のヨメガカサ, マツバガイ, ベッコウガサ, オオベッコウガサ, カサガイ, クルマガサ
- ニシキウズ科（ヒメアワビ科, フルヤガイ科）
- （新）ワタゾコシタダミ科：ワタゾコシタダミ, サガミシタダミ, ワラベシタダミ（以上トリデニナ科）, オトギノスガイ, カドマルオトギノスガイ, ミツカドオトギノスガイ（以上ウミコハクガイ科）, ワダチシタダミ（イソマイマイ科）, クボタシタダミ（イソコハクガイ科）
- （新）サザエ科（リュウテン科, カタベガイ科, ヒメカタベ科, ベニバイ科, サラサバイ科）
- ゴマフニナ科（トリデニナ科）
- （新）フトヘナタリ科：ウミニナ科のフトヘナタリ, シマヘナタリ, クロヘナタリ, ヘナタリ, カワアイ, マドモチウミニナ, キバウミニナ, センニンガイ
- （新）チグサカニモリ科：オニノソノガイ科のチグサカニモリ, ヒメチグサカニモリ
- イソコハクガイ科（ウミコハクガイ科）
- ソデボラ科（スイショウガイ科）
- （新）トンボガイ科：スイショウガイ科のトンボガイ, ウストンボ
- スズメガイ科（フウリンチドリ科）
- カツラガイ科（ヒゲマキナワボラ科）
- シラタマガイ科（ザクロガイ科）
- （新）ハナヅトガイ科（ベッコウタマガイ科）
- （新）イボボラ科：フジツガイ科のイボボラ, シマイボボラ, オオマガリイボボラ, カノコイボボラ, カドバリイボボラ, コガタイボボラ, サザレイボボラ
- （新）クリイロケシカニモリ科（アミメケシカニモリ科）
- ハナゴウナ科（ヤドリニナ科）
- アッキガイ科（アクキガイ科, サンゴヤドリ科）
- オニコブシ科（イトグルマ科）
- フトコロガイ科（タモトガイ科）
- ムシロガイ科（オリイレヨフバイ科）
- ガクフボラ科（ヒタチオビ科）
- ショクコウラ科に新参入：トウカムリ科のオニムシロ類, コエボシ, ユウビガイ
- （新）ツクシガイ科（ミノムシガイ科, フデガイ科）
- （新）ヘリトリガイ科：コゴメガイ科のマクラコゴ

メ、コハクコゴメ、フタスジコゴメ、ミドリコゴメ、イリコゴメ
- (新)ベニシボリ科(ミスガイ科)
- ブドウガイ科(タマゴガイ科)
- (新)ウミマイマイ科(フタマイマイ科)
- (新)ゾウゲツノ科：ツノガイ科の中のゾウゲツノ亜科
- (新)サケツノ科：サケツノ(ミガキツノ科)
- シラサヤツノ科(ロウソクツノ科)
- (新)セトモノツノ科：トマヤツノ、マボロシツノ(以上ミガキツノ科)、セトモノツノ(ツノガイ科)
- (新)ミカドツノ科：クチキレツノ科のミカドツノ、ユキツノ、ハブタエツノ、オキナミカドツノ、オダヤカミカドツノ
- クチキレツノ科(ハラブトツノ科)
- (新)カイダコ科(アオイガイ科)
- (新)シラスナガイ科(オオシラスナガイ科)

2. 幼貝と成貝

　殻口の外唇に着目しよう。幼貝では外唇がうすく、歯も突起も模様もできていない。成貝になると外唇が厚くなり、それぞれがもつ特徴が現れるようになる。
　例外として成貝になってもイモガイ類、ミスガイ、ウツセミガイなど外唇が厚くならない貝もいる。

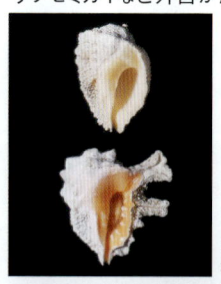

キイロイガレイシ　幼貝と成貝

ホシダカラ　幼貝〜成貝

ハチジョウダカラ　幼貝〜成貝

ムカシタモト　幼貝と成貝

スイジガイ　幼貝と成貝

シドロ　幼貝と成貝

3. 形の似た貝

　喜入町（鹿児島湾・石油備蓄基地の近く）で採れるアサリと、外洋に面した塩屋海岸（薩摩半島南部）で採れるヒメアサリとは、形は似ているが微妙な違いがある。両方を比較すると、アサリは殻のふくらみがやや強く、表面の放射肋がやや粗い。ヒメアサリのふくらみはやや弱く、放射肋もやや細かい。生息環境もアサリが内湾棲であるのに対しヒメアサリは外洋棲である。

　この項ではアサリとヒメアサリのように一見同じに見える貝を、分布、採集地、特徴（着眼点）、生息環境を比較することによって、その違いを明らかにする。ただし、同種でも個体変異があるので、数個体を比較した方がよい。

海の貝

【クサズリガイ科】（ヒザラガイ科）

ヒザラガイ
Acanthopleura japonica
●分布：北海道南部以南　●生息：潮間帯上部　●採集地：屋久島
＊体長：7cm。肉帯背面には棘が密生する。

リュウキュウヒザラガイ
A. loochooana
●分布：房総半島南部〜沖縄　●生息：潮間帯上部　●採集地：屋久島
＊体長：3cm。肉帯背面には大小大きさの異なる棘がある。

オニヒザラガイ
A. gemmata
●分布：奄美大島以南〜熱帯西太平洋　●生息：潮間帯上部　●採集地：徳之島
＊体長：6cm。肉帯には長くとがった棘が密生し

ている。

【ヨメガカサ科】（ツタノハ科）

ヨメガカサ
Cellana toreuma
●分布：北海道南部以南　●生息：潮間帯上部　●採集地: 屋久島
＊殻長：4〜6cm。細い肋には顆粒が乗っている。

ベッコウガサ　*C. grata*
●分布：北海道南部〜奄美諸島　●生息：潮間帯上部　●採集地：屋久島
＊殻長：3.5〜6cm。背の高い笠貝。透かすとベッコウ模様が見られる。

マツバガイ
C. nigrolineata
●分布：本州（房総半島・男鹿半島）以南　●生息：潮間帯上部　●採集地：頴娃町・番所
＊殻長：6〜8cm。赤褐色の放射彩のほか網目模様など模様に変異が見られる。

オオベッコウガサ
C. testudinaria
●分布：宝島以南　●生息：潮間帯上部　●採集地：奄美大島
＊殻長：6〜9cm。放射状または網目状にベッコウ模様がある。別名：トラフ

ザラ。

【ユキノカサ科】

コガモガイ *Lottia kogamogai*
●分布：北海道〜奄美諸島　●生息：潮間帯上部
●採集地：福岡県・福間
＊殻長：1〜2cm。殻はやや楕円形で殻表には太い肋がある。

コガモガサ *L. luchuana*
●分布：屋久島以南　●生息：潮間帯上部　●採集地：屋久島
＊殻長：1〜1.7cm。殻はやや円形で殻表には細かい肋がある。

アオガイ *Nipponacmea schrenckii*
●分布：本州（青森西岸，房総半島）以南　●生息：潮間帯上部　●採集地：阿久根市牛之浜
＊殻長：3cm。殻表は不規則な褐色斑と白斑からなるカスリ模様。

クサイロアオガイ *N. fuscoviridis*
●分布：北海道南部以南
●生息：潮間帯上部
●採集地：枕崎
＊殻長：2〜3.5cm。内面の殻口縁には市松模様がある。

1.鹿児島市・平川産

2.鹿児島市・永田川河口産

コウダカアオガイ *N. concinna*
●分布：北海道南部以南　●生息：潮間帯上部
●採集地：1の平川産は楕円形で小型，2の永田川河口産は円形に近い大型。
＊殻長：3cm。楕円形も円形も同所的に生息する。

ウノアシ（リュウキュウウノアシ型）
Patelloida saccharina
●分布：奄美諸島以南　●生息：潮間帯上部
●採集地：沖永良部島
＊殻長：3.5cm。白地に黒色の山形模様がある。

ウノアシ（ウノアシ型） *P. s. form lanx*
●分布：本州（房総半島・男鹿半島）以南　●生

息：潮間帯上部　●採集地：三島村・竹島
＊殻長：4.5cm。7～10本の強い肋が殻縁に突き出る。

【ミミガイ科】

イボアナゴ　*Haliotis (Sanhaliotis) varia*
●分布：伊豆大島・紀伊半島以南　●生息：潮間帯　●採集地：沖永良部島
＊殻長：8cm。殻表に不規則ないぼがある。

イボアナゴ（ヒラアナゴ型）
H. (S.) stomatiaeformis
●分布：紀伊半島以南　●生息：潮間帯　●採集地：沖永良部島
＊殻長：3.5cm。殻は低平で、殻表のいぼは弱い。

フクトコブシ
H. (Sulculus) diversicolor diversicolor
●分布：八丈島，九州南部以南　●生息：潮間帯　●採集地：種子島
＊殻長：9cm。トコブシより螺肋が強い。

トコブシ　*H. (S.) d. aquatilis*
●分布：北海道南部以南　●生息：潮間帯　●採集地：下甑島・手打
＊殻長：7cm。螺肋は出ない。

【スカシガイ科】

コバンスソキレ
Emarginella eximia
●分布：奄美諸島～フィリピン　●生息：潮間帯～水深10m　●採集地：沖永良部島
＊殻長：1cm。太い彫刻は粗く格子目状。

ナガコバンスソキレ
E. sakuraii
●分布：小笠原諸島，奄美諸島以南　●採集地：沖永良部島　●生息：潮間帯～水深10m
＊殻長：1cm。殻頂は後ろ寄り、彫刻は細かく網目状。

ヒノデサルアワビ
Tugalina (Tugalina) radiata
●分布：四国西南部以南　●採集地：名瀬湾　●生息：潮間帯～水深10m
＊殻長：1.5cm。殻表には8本の弱い放射肋がある。

オネダカサルアワビ
T. (T.) plana
●分布：紀伊半島以南，熱帯西太平洋 ●生息：潮間帯 ●採集地：下甑島・手打
＊殻長：2.2cm。前方中央の切れ込み帯に相当する肋は最も強く高い。

チドリガサ
Montfortista oldhamiana
●分布：相模湾・山口県北部以南～熱帯西太平洋 ●生息：潮間帯 ●採集地：沖永良部島
＊殻長：1.2cm。殻頂部は右後方へ著しく傾く。

ミカエリチドリガサ
M. kirana
●分布：紀伊半島以南 ●生息：潮間帯 ●採集地：名瀬湾
＊殻長：0.6cm。殻頂はまっすぐ後方を向き，太い肋は曲がらない。

スカシガイ
Macroschisma inense
●分布：北海道西南部～台湾 ●生息：潮間帯 ●採集地：屋久島
＊殻長：1.9cm。頂孔は前方で細まる。ヒラスカシに比べて後ろ寄りにあるが，後端に達することはない。

ヒラスカシ *M. dilatatum*
●分布：本州（山形，房総半島）～九州 ●生息：潮間帯 ●採集地：屋久島
＊殻長：1.5cm。スカシガイに比べて横幅が広い。頂孔もやや中央寄りに位置し，先はあまり細くならない。

テンガイ
Diodora quadriradiatus
●分布：本州（能登，房総半島）～熱帯西太平洋 ●生息：潮間帯～水深30m ●採集地：沖永良部島
＊殻長：1.6cm。頂孔は縦長の鍵穴形。

アサテンガイ　*D. mus*
●分布：本州（房総半島）～熱帯西太平洋 ●生息：潮間帯 ●採集地：屋久島
＊殻長：1.3cm。殻は楕円形。頂孔は卵形。格子目状彫刻は密で細かい。

【ニシキウズ科】

クボガイ　*Chlorostoma lischkei*
●分布：北海道南部以南～九州 ●生息：潮間帯～水深20m ●採集地：下甑島
＊殻高：2.7cm。臍孔は幼貝では開き，成貝では滑層により覆われるが，開いたままの個体もある。

ヘソアキクボガイ　*C. turbinatum*

●分布：北海道南部以南〜九州　●生息：潮間帯〜水深20m　●採集地：下甑島
＊殻高：2.1cm。臍孔は開く。クボガイに比べて、外唇の上縁が体層上により長く張り出す。

ニシキウズ（ニシキウズ型）　*Trochus maculatus*
●分布：紀伊半島以南　●生息：潮間帯　●採集地：沖永良部島
＊殻高：5cm。側面はやや膨れる。

ニシキウズ（アナアキウズ型）　*T. m. form verrucosus*
●分布：紀伊半島以南　●生息：潮間帯〜潮下帯上部　●採集地：開聞町・花瀬
＊殻高：4cm。螺層のふくらみは弱く、周縁に結節が歯車状に並ぶ。

ムラサキウズ　*Trochus stellatus*
●分布：紀伊半島以南　●生息：潮間帯〜潮下帯上部　●採集地：沖永良部島
＊殻高：2.8cm。殻底では破線状の斑点を散らす。

ハクシャウズ　*T. histrio*
●分布：紀伊半島以南　●生息：潮間帯〜潮下帯上部　●採集地：沖永良部島
＊殻高：2.5cm。殻口付近が赤く染まる。

【サザエ科】（リュウテン科）

ウラウズガイ　*Astralium haematragum*
●分布：本州（男鹿, 房総半島）以南　●生息：潮間帯〜水深20m　●採集地：開聞町・花瀬
＊殻高：2.8cm。周縁の突起列は1列。

オオウラウズ　*A. rhodostoma*
●分布：八丈島・種子島以南　●生息：潮間帯〜水深20m　●採集地：沖永良部島
＊殻高：3.5cm。周縁の突起列は2列。

【ニシキウズ科】

クロマキアゲエビス　*Clanculus microdon*
●分布：本州（山形, 房総半島）〜九州　●生息：潮間帯〜水深30m　●採集地：桜島・袴腰
＊殻高：1.5cm。殻色は紫黒色一色から、様々な

大きさの白斑を散らす個体まで変異する。

テツイロナツモモ　*C. denticulatus*
●分布：種子島・屋久島以南　●生息：潮間帯〜水深30m　●採集地：沖永良部島
＊殻高：1.2cm。殻色はやや明るく, 淡紫黒色。

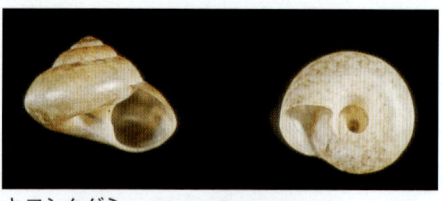

キヌシタダミ　*Ethminolia stearnsii*
●分布：房総半島・佐渡島以南　●生息：潮間帯〜水深20m　●採集地：桜島・袴腰
＊殻幅：1.1cm。軸唇は厚くならない。

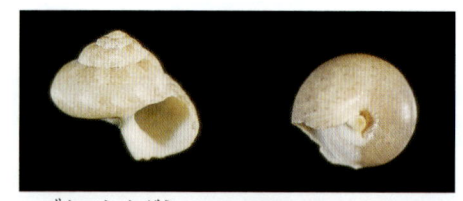

ハブタエシタダミ　*Talopena vernicosa*
●分布：紀伊半島・小笠原諸島以南　●生息：潮間帯〜水深30m　●採集地：沖永良部島
＊殻幅：1.1cm。軸唇から臍孔をふさぐように舌状突起が出る。

クロヅケガイ　*Monodonta neritoides*
●分布：北海道南部〜沖縄　●生息：潮間帯
●採集地：開聞町・花瀬
＊殻高：1.6cm。縫合のくびれは明らかでない。

クビレクロヅケ　*M. perplexa*
●分布：北海道南西部〜九州　●生息：潮間帯　●採集地：三島村・黒島
＊殻高：1.8cm。縫合は深くくびれる。

クルマチグサ　*Eurytrochus cognatus*
●分布：房総半島以南　●生息：潮間帯〜潮下帯上部　●採集地：知覧町塩屋
＊殻幅：0.8cm。周縁は角張り, 周縁の螺肋は特に太い。

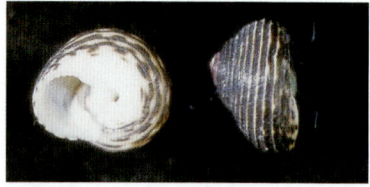

チビクルマチグサ　*E. danieli*
●分布：奄美諸島以南　●生息：潮間帯　●採集地：沖永良部島
＊殻幅：0.8cm。周縁は丸く, 螺肋は等大。

キサゴ　*Umbonium costatum*

●分布：北海道南部〜台湾　●生息：潮間帯〜水深10m, 外洋棲　●採集地：下甑島・手打
＊殻幅：2.3cm。滑層臍盤(かっそうさいばん)の幅は殻の半径と同等かそれ以下。

キサゴ類の滑層臍盤(かっそうさいばん)
中央の色のついた部分

タイワンキサゴ　*U. saturale*
●分布：紀伊半島以南　●生息：潮間帯〜水深10m　●採集地：奄美大島・根原
＊殻幅：2cm。殻表は平滑でジグザグ模様がある。

イボキサゴ　*U. moniliferum*
●分布：本州(東北)〜九州　●生息：潮間帯(砂泥底), 内湾棲　●採集地：福岡県・津屋崎
＊殻幅：2cm。縫合下にいぼがある個体が多い。

アシヤガイ　*Granata lyrata*
●分布：本州(岩手, 男鹿半島)以南　●生息：潮間帯〜水深20m　●採集地：市来町戸崎
＊殻幅：1.8cm。体層には20本前後の螺肋がある。

オオアシヤガイ　*G. sulcifera*
●分布：奄美大島以南　●生息：潮下帯上部
●採集地：沖永良部島
＊殻幅：2cm。アシヤガイに比べ、体層が大きく螺肋は細かい。

ヘソアキアシヤエビス
Hybochelus cancellatus orientalis
●分布：紀伊半島以南　●生息：潮間帯　●採集地：沖永良部島
＊殻幅：1cm。臍孔(へいかく)が開く。

コマキアゲエビス　*Clanculus bronni*
●分布：本州(能登, 房総半島)以南　●生息：潮間帯〜水深20m　●採集地：沖永良部島
＊殻高：0.7cm。内唇に1本の強い歯がある。

カゴサンショウガイモドキ　*Herpetopoma instricta*
●分布：紀伊半島以南　●生息：潮間帯〜潮下帯

貝の見分け方

形の似た貝（海の貝）

43

上部　●採集地：沖永良部島
＊殻高：1cm。螺層上には強い螺肋がある。

【タマキビ科】

アラレタマキビ　*Nodilittorina radiata*
●分布：北海道南部以南　●生息：潮上帯　●採集地：沖永良部島
＊殻高：0.8cm。螺肋上には顆粒がある。

マルアラレタマキビ　*Nodilittorina. sp.*
●分布：屋久島以南　●生息：潮上帯　●採集地：屋久島
＊殻高：0.5cm。螺肋上の顆粒は大きい。

【サザエ科】（リュウテン科）

サンショウガイ　*Homalopoma nocturnum*
●分布：北海道南部以南　●生息：潮間帯〜水深20m　●採集地：佐賀県呼子
＊殻高：0.5cm。螺層にある螺肋は一様で細かい。

サンショウスガイ　*Bothropoma pilulam*
●分布：佐渡島・房総半島以南　●生息：潮間帯〜水深30m　●採集地：知覧町塩屋
＊殻高：0.5cm。螺層周縁の螺肋は粗い。蓋の中央には円い穴がある。

リュウテン　*Turbo (Turbo) petholatus*
●分布：種子島, 屋久島以南　●生息：潮間帯〜潮下帯上部　●採集地：沖永良部島。
＊殻高：6cm。内唇は黄色〜黄緑色。蓋の外表面も緑色。

タツマキサザエ　*T. (T.) reeevei*
●分布：本州（伊豆半島, 山口県北部）以南　●生息：潮間帯〜潮下帯上部　●採集地：沖永良部島
＊殻高：5cm。内唇と蓋は白色。殻口は横長。

カンギク　*T. (Lunella) coronatus coronatus*
●分布：伊豆半島以南　●生息：潮間帯　●採集地：奄美大島
＊殻幅：3cm。臍孔が開く。

スガイ　*T. (L.) c.coreensis*
●分布：北海道南部〜九州南部　●生息：潮間帯　●採集地：鹿児島湾
＊殻幅：2.3cm。臍孔は閉じる。

【アマオブネ科】

イシダタミアマオブネ　*Nerita (Nerita) helicinoides*

●分布：伊豆大島以南　●生息：潮間帯上部
●採集地：屋久島
＊殻高：1〜1.5cm。内唇の滑層は白色。

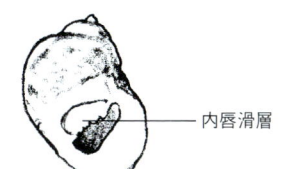

― 内唇滑層

ヒメイシダタミアマオブネ　*Ne. (Ne.) h. tristis*
●分布：八丈島・紀伊半島以南　●生息：潮間帯上部　●採集地：屋久島
＊殻高：1.5cm。内唇の滑層は黄色。

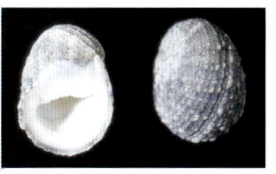

マルアマオブネ　*Ne. (Theliostyla) squamulata*
●分布：屋久島以南　●生息：潮間帯　●採集地：屋久島
＊殻高：1〜2cm。殻口は広い。螺肋の太さは不ぞろい。

オオマルアマオブネ　*Ne. (T.) chamaeleon*
●分布：屋久島以南　●生息：潮間帯　●採集地：屋久島
＊殻高：2.5cm。殻表の螺肋は太く，肋間には細肋がある。

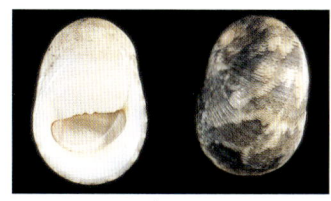

ニシキアマオブネ　*Ne. (Linnerita) polita*
●分布：紀伊半島以南　●生息：潮間帯上部，昼間は岩縁の砂中に潜っている　●採集地：屋久島
＊殻高：2cm。殻口は広い。模様は変化に富む。

ヌリツヤアマガイ　*Ne. (L.) rumphii*
●分布：屋久島以南　●生息：潮間帯上部，昼間は岩縁の砂中に潜っている　●採集地：屋久島
＊殻高：2cm。殻口はレモン色。ニシキアマオブネに比べて蓋が多少ふくらむ。

エナメルアマガイ　*Ne. (Heminerita) incerta*
●分布：屋久島以南　●生息：潮間帯　●採集地：屋久島
＊殻高：1.5cm。内唇から伸びた滑層は殻頂に達する。

【ウミウサギ科】

テンロクケボリ

Pseudosimnia (Diminovula) punctata
●分布：房総半島以南 ●生息：潮間帯～水深50m ●採集地：鹿児島湾
＊殻高：1cm。殻の色は紅色から黄色がかった白色までいろいろある。外唇は刻まれる。

ホソテンロクケボリ
P. (D.) alabaster
●分布：相模湾以南
●生息：潮間帯～水深50m ●採集地：鹿児島湾
＊殻高：1cm。殻はテンロクケボリより細い。外唇の刻みも弱い。

【タカラガイ科】

チドリダカラ
Cypraea (Pustularia) cicercula
●分布：房総半島以南
●生息：水深5～20m
●採集地：沖永良部島
＊殻高：2cm。殻表一面に顆粒がある。褐色斑を欠く。

コゲチドリダカラ
C. (P.) bistrinotata bistrinotata
●分布：紀伊半島以南
●生息：潮間帯～水深20m ●採集地：沖永良部島
＊殻高：2cm。背面に褐色斑がある。

ツマムラサキメダカラ
C. (Purpuradusta) fimbriata fimbriata
●分布：銚子以南～熱帯西太平洋 ●生息：潮間帯～水深10m
●採集地：沖永良部島
＊殻高：1.5cm。不明瞭な褐色横帯が背中にある。

ツマベニメダカラ
C. (P.) minoridens
●分布：房総半島以南～熱帯西太平洋 ●生息：潮間帯～水深10m
●採集地：沖永良部島
＊殻高：1cm。背面に4本の褐色横帯がある。

ヒナメダカラ　*C. (P.) microdon*
●分布：奄美諸島以南～熱帯西太平洋 ●生息：潮間帯～水深10m ●採集地：沖永良部島
＊殻高：1cm。内唇歯が細かい。

チャイロキヌタ　*C. (Palmadusta) artuffeli*
●分布：本州（男鹿，房総半島）～沖縄 ●生息：潮間帯～水深20m ●採集地：知覧町塩屋
＊殻高：2cm。背面に濃い横帯が出る。側面から腹面は白色。

カミスジダカラ　*C. (P.) clandestina clandestina*
●分布：房総半島以南～熱帯西太平洋 ●生息：潮間帯～水深30m ●採集地：沖永良部島
＊殻高：1.5cm。背面には褐色のジグザグ模様

がある。

サバダカラ　*C. (Bistolida) hirundo neglecta*
●分布：房総半島南部〜東南アジア　●生息：潮間帯〜水深20m　●採集地：沖永良部島
＊殻高：2cm。背面には多数の褐色斑と2本の途切れた白色横帯がある。

ニセサバダカラ　*C. (B.) kieneri depriesteri*
●分布：房総半島以南〜熱帯西太平洋　●生息：潮間帯〜水深10m　●採集地：沖永良部島
＊殻高：2cm。前後端が突出せず、背面の白色横帯が途切れない。

ホンサバダカラ　*C. (B.) ursellus*
●分布：三浦半島以南〜熱帯インド・西太平洋　●生息：潮間帯〜水深20m　●採集地：沖永良部島
＊殻高：1.5cm。ニセサバダカラより殻に丸みがある。後端縁にきざみ目がある。

ゴマフダカラ　*C. (Notadusta) punctata punctata*

●分布：房総半島以南〜熱帯西太平洋　●生息：潮間帯下部〜水深20m　●採集地：沖永良部島
＊殻高：1.7cm。背面に褐色〜黒色の点が散在する。

ジュズダマダカラ　*C. (Erosaria) beckii*
●分布：三浦半島以南〜熱帯西太平洋　●生息：潮間帯下部〜水深50m　●採集地：沖永良部島
＊殻高：1.5cm。背面には白斑と白で縁取られた紫褐色斑がある。

ナシジダカラ
C. (E.) labrolineata
●分布：山口県北部・銚子以南　●生息：潮間帯〜水深200m　●採集地：沖永良部島
＊殻高：2.5cm。背面は黄褐色で白斑を散らす。

ウミナシジダカラ
C. (E.) cernica cernica
●分布：山口県北部・房総半島以南　●生息：潮間帯〜水深100m
●採集地：沖永良部島
＊殻高：3.5cm。背面は橙黄色で白斑を散らす。

アヤメダカラ　*C. (E.) poraria*

貝の見分け方

形の似た貝（海の貝）

●分布：本州（房総半島，山口県北部）以南～熱帯西太平洋　●生息：潮間帯　●採集地：沖永良部島
＊殻高：2.5cm。側面から腹面は紫色。

カモンダカラ　　C. (E.) helvola helvola
●分布：本州（能登，房総半島）以南～熱帯西太平洋　●生息：潮間帯～水深20m　●採集地：沖永良部島
＊殻高：3cm。側面から腹面は橙褐色～赤褐色。

シボリダカラ　　C. (Staphylaea) limacina limacina
●分布：本州（房総半島，山口県北部）以南～熱帯西太平洋　●生息：潮間帯～水深30m　●採集地：沖永良部島
＊殻高：3.5cm。背面に白斑を散らすが，個体によっては顆粒状となる。

サメダカラ　　C. (S.) staphylaea staphylaea
●分布：本州（房総半島，山口県北部）以南～熱帯西太平洋　●生息：潮間帯～水深20m　●採集地：沖永良部島
＊殻高：2.5cm。背面に小突起状の白斑を散らす。

ヤクシマダカラ
C. (Mauritia) arabica asiatica
●分布：本州（房総半島，山口県北部）以南～熱帯西太平洋　●生息：潮間帯～水深10m　●採集地：沖永良部島
＊殻高：8.5cm。背面に朽木文様の縦縞模様がある。

ホソヤクシマダカラ
C. (M.) eglantina
●分布：八丈島以南～熱帯西太平洋
●生息：潮間帯～水深20m　●採集地：奄美大島
＊殻高：5cm。殻頂部に黒褐色斑がある。

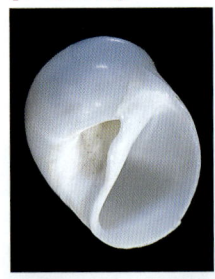

【タマガイ科】

オオタマツバキ
Polinices powisianus
●分布：紀伊半島以南
●生息：水深10～50m
●採集地：鹿児島湾
＊殻高：5cm。臍孔は広くて深い。

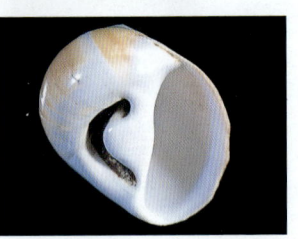

ウチヤマタマツバキ　　P. sagamiensis
●分布：男鹿半島・相模湾以南　●生息：水深10～40m　●採集地：鹿児島湾
＊殻高：4cm。臍孔はC字形。

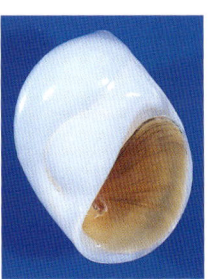

トミガイ　*P. mammilla*
- ●分布：紀伊半島以南
- ●生息：潮間帯〜水深20m　●採集地：鹿児島湾
- ＊殻高：4cm。臍孔は完全にふさがる。

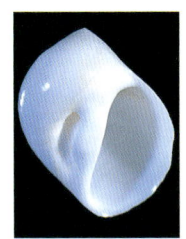

フロガイ
N. alapapilionis
- ●分布：房総半島以南
- ●生息：水深5〜70m
- ●採集地：志布志湾
- ＊殻高：4cm。黒褐色と白色が交互に並ぶ色帯が4本ある。

ヘソアキトミガイ
P. flemingianus
- ●分布：紀伊半島以南
- ●生息：潮下帯　●採集地：奄美大島
- ＊殻高：3cm。臍孔は開く。

【トウカムリ科】

ヒナヅル
Casmaria erinacea
- ●分布：紀伊半島以南
- ●生息：水深10〜30m
- ●採集地：奄美大島
- ＊殻高：4.5cm。外唇底部にある棘は下方(外側)に向いている。

トサダマ
Tanea tosaensis
- ●分布：銚子沖から土佐湾　●生息：水深150〜250m　●採集地：土佐湾
- ＊殻高：3cm。3本の四角い褐色斑列がある。

アメガイ
C. ponderosa ponderosa
- ●分布：房総半島以南
- ●生息：水深10〜50m
- ●採集地：奄美大島
- ＊殻高：4cm。外唇底部にある棘は腹側(内側)向き。

フロガイダマシ
Naticarius concinnus
- ●分布：男鹿半島・房総半島以南　●生息：水深50mまでの潮下帯
- ●採集地：鹿児島湾
- ＊殻高：1.7cm。不規則な濃褐色斑がある。

【フジツガイ科】

マツカワガイ
Biplex perca
- ●分布：山口県北部・房総半島以南　●生息：水深50〜200m　●採集地：熊本県・牛深沖
- ＊殻高：7cm。左右に広がる縦帳肋は幅広い。体層の顆粒は大きい。

アラゴマフダマ
N. onca
- ●分布：紀伊半島以南
- ●生息：水深20mまでの潮下帯　●採集地：沖永良部島
- ＊殻高：3cm。5列の暗褐色斑点が間隔をおいて並ぶ。

貝の見分け方

形の似た貝（海の貝）

クビレマツカワ
B. pulchra
- 分布：遠州灘以南
- 生息：水深50〜100m
- 採集地：熊本県・牛深沖

＊殻高：6cm。縫合は深くくびれる。

【アッキガイ科】（アクキガイ科）

モロハボラ
Aspella anceps
- 分布：紀伊半島以南
- 生息：潮下帯〜水深5m
- 採集地：志布志湾

＊殻高：2cm。両側に連続する縦帳肋がある。

アラボリモロハボラ
A. lamellosa
- 分布：紀伊半島以南
- 生息：潮下帯〜水深5m
- 採集地：屋久島

＊殻高：2cm。螺肋がある。

シロレイシダマシ
Drupella cornus
- 分布：房総半島以南
- 生息：潮間帯〜水深20m
- 採集地：屋久島

＊殻高：3.5cm。螺肋は4列。

ヒメシロレイシダマシ　*D. fragum*
- 分布：三宅島・紀伊半島以南
- 生息：潮間帯〜水深20m
- 採集地：屋久島

＊殻高：2cm。結節の発達は弱い。

レイシダマシ　*Morula granulata*
- 分布：伊豆諸島以南〜熱帯西太平洋
- 生息：潮間帯
- 採集地：屋久島

＊殻高：2cm。いぼは黒く、まわりは灰色。

シマレイシダマシ　*M. musiva*
- 分布：房総半島以南〜熱帯西太平洋
- 生息：潮間帯
- 採集地：知覧町塩屋

＊殻高：2cm。体層には赤褐色と黒色のいぼ列が交互に並ぶ。

ウネシロレイシダマシ　*M. anaxares*
- 分布：伊豆諸島・紀伊半島以南〜熱帯西太平洋
- 生息：潮間帯上部
- 採集地：トカラ列島・宝島

＊殻高：1cm。螺肋上に白い大きな結節がある。

シロイボレイシダマシ　*M. purpureocincta*

●分布：三宅島・紀伊半島以南～熱帯西太平洋　●生息：潮下帯　●採集地：沖永良部島
＊殻高：1cm。白色の結節は肩部で最大となる。殻口内は紫色。

ニッポンレイシダマシ　*Morula* sp.
●分布：紀伊半島以南～熱帯西太平洋　●生息：潮間帯　●採集地：沖永良部島
＊殻高：2cm。顆粒は丸く白色。

クロイボレイシダマシ　*M. uva*
●分布：伊豆諸島以南　●生息：潮間帯　●採集地：三島村・黒島
＊殻高：2cm。螺肋上のいぼは黒い。

クチムラサキキレイシダマシ　*Habromorula striata*
●分布：伊豆諸島以南　●生息：潮間帯～水深10m　●採集地：屋久島。
＊殻高：2cm。縦肋は黒色。殻口内壁にあるいぼ状突起のため殻口は狭い。

レイシダマシモドキ　*Muricodrupa fusca*
●分布：房総半島以南～熱帯西太平洋　●生息：潮間帯　●採集地：知覧町塩屋
＊殻高：2cm。肩の部分はややとがる。

キナレイシ
Mancinella mancinella
●分布：紀伊半島以南～熱帯西太平洋　●生息：潮間帯　●採集地：屋久島
＊殻高：4cm。殻口内には赤色がかった細い線が多数ある。

シロクチキナレイシ
M. echinulata
●分布：屋久島以南
●生息：潮間帯，波あたりの強い岩場　●採集地：屋久島
＊殻高：4cm。殻口内は白色。外唇の縁はオレンジ色。

ウニレイシ　*M. echinata*
●分布：房総半島以南
●生息：潮下帯～20m
●採集地：下甑島
＊殻高：4cm。殻の色は淡褐色。殻表の結節はとげ立つ。

シロレイシ　*M. siro*
- 分布：房総半島以南
- 生息：潮下帯〜20m
- 採集地：上甑島

＊殻高：4cm。殻全体が白色。

テツレイシ　*Thais (Stramonita) savignyi*
- 分布：伊豆諸島以南
- 生息：潮間帯　●採集地：沖永良部島

＊殻高：4cm。殻表の結節は低円錐形。

コイワニシ　*T.(S.) aquamosa*
- 分布：四国以南　●生息：潮間帯　●採集地：奄美大島

＊殻高：2cm。殻表の結節は粒状。

テツボラ　*Purpura panama*
- 分布：紀伊半島以南　●生息：波あたりの強い潮間帯　●採集地：屋久島

＊殻高：6cm。白色の幅広い縞があり、低い結節列がある。

ホソスジテツボラ　*P. persica*
- 分布：伊豆諸島以南
- 生息：波あたりの強い潮間帯　●採集地：屋久島

＊殻高：8cm。白黒交互の細い色帯がある。

【アッキガイ科】（サンゴヤドリ科）

カゴメサンゴヤドリ　*Coralliophila squamosissima*
- 分布：房総半島以南〜熱帯西太平洋　●生息　●採集地：沖永良部島

＊殻高：3〜4cm。縦肋と螺肋が交わり、かご目状となる。蓋は赤褐色。イソギンチャク類に寄生。

スギモトサンゴヤドリ　*C. clathrata*
- 分布：紀伊半島以南〜熱帯西太平洋　●生息：潮間帯　●採集地：屋久島

＊殻高：1.5cm。縦肋と螺肋が交わり格子目状となる。蓋は黄色。イソギンチャク類に寄生。

【フトコロガイ科】（タモトガイ科）

ボサツガイ　*Anachis misera misera*
- 分布：房総半島以南〜九州　●生息：潮間帯〜水深10m　●採集地：知覧町松ケ浦

＊殻高：1.5cm。縦肋の上に黒斑がある。

クロフボサツ
A. m. nigromaculata
●分布：伊豆半島以南
●生息：潮間帯〜水深20m　●採集地：屋久島
＊殻高：1cm。縦肋上にのみ黒斑がある。

【ムシロガイ科】（オリイレヨフバイ科）

アワムシロ
Niotha albescens
●分布：紀伊半島以南〜熱帯西太平洋　●生息：潮間帯〜水深20m　●採集地：沖永良部島
＊殻高：1.7cm。内唇滑層は大きく広がる。

キビムシロ
N. splendidula
●分布：銚子以南〜熱帯西太平洋　●生息：水深5〜30m　●採集地：鹿児島湾
＊殻高：1.5cm。むら雲状の褐色斑がある。

ムシロガイ　*N. livescens*
●分布：三陸・男鹿半島以南〜熱帯西太平洋
●生息：潮間帯〜水深50m　●採集地：鹿児島湾
＊殻高：2cm。縦肋は螺肋と交わって顆粒状となる。

アラムシロ　*Reticunassa festiva*
●分布：北海道南部以南　●生息：河口干潟などの潮間帯泥底　●採集地：串木野市・八房川河口
＊殻高：1.5〜2cm。殻表の縦肋は大きく螺肋で切られ、粗いむしろ状。

ヒメオリイレムシロ
Niotha nodifer
●分布：奄美諸島以南〜熱帯西太平洋　●生息：潮間帯〜水深50m　●採集地：沖永良部島
＊殻高：1.7cm。太く明瞭な縦肋をもつ。

アツムシロ
N. semisulcata
●分布：紀伊半島以南〜熱帯西太平洋　●生息：潮間帯　●採集地：沖永良部島
＊殻高：1.7cm。殻全体に厚みがあり、縦肋も太い。外唇は肥厚する。

ハナムシロ
Zeuxis castus
●分布：本州（男鹿半島,岩手）以南,熱帯インド・西太平洋　●生息：水深10〜200m　●採集地：志布志湾
＊殻高：2.5cm。体層の縦肋は粗い。

オオハナムシロ
Z. siquijorensis
●分布：遠州灘以南, 東シナ海, 南シナ海, フィリピン　●生息：水深10〜50m　●採集地：志布志湾
＊殻高：3cm。縦肋は細かい。

貝の見分け方

形の似た貝（海の貝）

53

キヌヨフバイ
Z. concinna
●分布：紀伊半島以南
●生息：潮間帯～水深20m　●採集地：名瀬湾
＊殻高：2cm。縦肋は細い。

ホソノシガイ　*E. zonalis*
●分布：屋久島以南～熱帯西太平洋　●生息：潮間帯　●採集地：屋久島
＊殻高：1cm。殻口内縁は黄橙色。

オキナワキヌヨフバイ
Z. smithii
●分布：奄美諸島以南
●生息：潮間帯～水深20m　●採集地：名瀬湾
＊殻高：1.5cm。縦肋はやや太い。

シロイボノシガイ　*E. phasianola*
●分布：屋久島以南～熱帯西太平洋　●生息：潮間帯　●採集地：奄美大島・土浜
＊殻高：1cm。顆粒は白または黄褐色が交互に並ぶ。

ヒメヨフバイ
Telasco gaudiosa
●分布：駿河湾以南～熱帯西太平洋　●生息：潮間帯～水深5m　●採集地：沖永良部島
＊殻高：1.7cm。上部の螺層に縦肋がある。

ミダレフノシガイ　*E. zatricium*
●分布：三宅島・紀伊半島以南～熱帯西太平洋　●生息：潮間帯　●採集地：沖永良部島
＊殻高：1cm。顆粒の頂点は白色。

ヨフバイモドキ
T. reeveana
●分布：紀伊半島以南
●生息：潮間帯　●採集地：奄美大島・土浜
＊殻高：1.7cm。体層に不明瞭な色帯がある。

ゲンロクノシガイ
E. histrio
●分布：沖縄以南～熱帯西太平洋　●生息：潮間帯　●採集地：沖縄県・那覇港
＊殻高：1cm。白帯上の顆粒はオレンジ色。

【エゾバイ科】

ノシメニナ　*Enzinopsis lineata*
●分布：伊豆諸島以南　●生息：潮間帯　●採集地：沖永良部島
＊殻高：1cm。次体層の白い部分に黒点がある。

ゴママダラノシガイ
E. zepa
●分布：紀伊半島以南～熱帯西太平洋 ●生息：潮間帯 ●採集地：屋久島
＊殻高：1cm。黒色と黄色の顆粒列が交互に並ぶ。

フイリノシガイ
Enzinopsis sp.
●分布：屋久島以南～熱帯西太平洋 ●生息：潮間帯 ●採集地：屋久島
＊殻高：1cm。白帯中に不規則な黒斑がある。

イソニナ *Japeuthria ferrea*
●分布：房総半島以南 ●生息：潮間帯の丸石の上 ●採集地：開聞町花瀬
＊殻高：3.5cm。殻口内は紫褐色。

シマベッコウバイ *J. cingulata*
●分布：伊豆諸島以南 ●生息：潮間帯 ●採集地：屋久島
＊殻高：3.5cm。殻口内は青白色。

【イトマキボラ科】

ニシキニナ *Latirulus craticulatus*
●分布：屋久島以南 ●生息：潮間帯 ●採集地：屋久島
＊殻高：5cm。縦肋は太く，螺助も明瞭。殻口は白色。

ナガサキニシキニナ *L. nagasakiensis*
●分布：房総半島以南 ●生息：潮間帯～水深50m ●採集地：開聞町・花瀬
＊殻高：5cm。全身黒褐色で，殻口内はオレンジ色。

【ツクシガイ科】（フデガイ科）

ハマヅト
Costellaria exaspertata
●分布：紀伊半島以南～熱帯西太平洋 ●生息：潮間帯～水深5m ●採集地：沖永良部島
＊殻高：2～3cm。体層には2本の暗色帯があり，縦肋は黒く染まる。縦肋の細かい型もある。

貝の見分け方 / 形の似た貝（海の貝）

チヂミハマヅト
C. pacifica
- 分布：伊豆諸島以南～熱帯西太平洋 ●生息：潮間帯～水深5m ●採集地：沖永良部島
* 殻高：2cm。縦肋の上を螺肋がまたぐ。

トゲハマヅト
C.cadaverosa
- 分布：伊豆諸島以南～熱帯西太平洋 ●生息：潮間帯 ●採集地：名瀬湾
* 殻高：2cm。肩の結節は太い。

ミヨリオトメフデ
P. consanguinea
- 分布：紀伊半島以南～熱帯西太平洋 ●生息：潮間帯 ●採集地：沖永良部島
* 殻高：1.5cm。縫合下，周縁，殻底の縦肋上に不規則な白斑列がある。

ハデオトメフデ
P. lautum
- 分布：紀伊半島以南～熱帯西太平洋 ●生息：潮間帯 ●採集地：奄美大島・土浜
* 殻高：1.5cm。縫合下および周縁から殻底にかけて不規則な黒褐色の色帯をもつ。

クチベニオトメフデ　*Pusia patriarchale*
- 分布：紀伊半島以南～熱帯西太平洋 ●生息：潮下帯水深4m ●採集地：屋久島
* 殻高：2cm。縫合下で肩をつくり，縦肋は角張る。殻口は赤褐色。

ナスビバオトメフデ　*P. tuberosa*
- 分布：紀伊半島以南～熱帯西太平洋 ●生息：潮間帯～水深20m ●採集地：沖永良部島
* 殻高：1.5cm。殻はやや細く，縫合下で肩をつくる。

【ソデボラ科】（スイショウガイ科）

ムカシタモト　*Strombus (Canarium) mutabilis*
- 分布：房総半島以南，熱帯西太平洋 ●生息：潮間帯 ●採集地：沖永良部島
* 殻高：4cm。外唇内壁に細い螺状脈がある。

ヤサガタムカシタモト　*S. (C.) microurceus*

●分布：房総半島以南, 熱帯西太平洋　●生息：潮間帯　●採集地：屋久島
＊殻高：2cm。殻口にある螺状脈は黒い。

ベニソデ　*S. (Euprotomus) bulla*
●分布：屋久島以南, 熱帯西太平洋　●生息：潮間帯下部　●採集地：種子島
＊殻高：6cm。背面はすべすべ（平滑）している。

マイノソデ　*S. (E.) aurisdianae*
●分布：屋久島以南〜熱帯西太平洋　●生息：サンゴ礁の砂底　●採集地：沖永良部島
＊殻高：8cm。背面は螺肋が密でベニソデとの区別は容易である。

【イモガイ科】

イボシマイモ　*Conus (Virgiconus) lividus*

●分布：房総半島・山口県北部以南〜熱帯西太平洋　●生息：潮間帯〜水深20m　●採集地：沖永良部島
＊殻高：6.6cm。肩部に結節がある。体層中央に白色螺帯が1本ある。

ニセイボシマイモ　*C. (V.) sanguinolentus*
●分布：小笠原諸島・沖縄以南〜熱帯西太平洋　●生息：潮間帯〜水深20m　●採集地：沖永良部島
＊殻高：4cm。肩部の結節間は褐色。

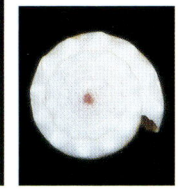

ベニイタダキイモ　*C. (V.) balteatus*
●分布：紀伊半島以南〜熱帯西太平洋　●生息：潮間帯〜水深20m　●採集地：沖永良部島
＊殻高：3.9cm。殻頂は赤紫色。

ツヤイモ　*C. (Stephanoconus) boeticus*
●分布：土佐湾以南〜熱帯西太平洋　●生息：潮間帯〜水深20m　●採集地：志布志湾
＊殻高：4cm。体層側面に顆粒状の螺肋をめぐ

らす。肩がやや角張る。

ベニイモ　*C. (S.) pauperculus*
●分布：房総半島・但馬以南　●生息：潮間帯～水深20m　下帯～水深50m　●採集地：大分県・蒲江
＊殻高：3.8cm。体層側面に10～20本の点線がある。

スソムラサキイモ　*C. (Hermes) coffeae*
●分布：八丈島・紀伊半島以南～熱帯西太平洋　●生息：潮間帯～水深20m　●採集地：沖永良部島
＊殻高：3cm。体層全体に顆粒状の螺肋がある。

ハイイロミナシ　*C. (Rhizoconus) rattus*
●分布：房総半島以南～熱帯西太平洋　●生息：潮間帯～水深20m　●採集地：沖永良部島
＊殻高：4.8cm。肩と体層中央に青白いまだらの列がある。

サラサミナシ　*C. (R.) capitaneus*
●分布：三宅島・紀伊半島以南～熱帯西太平洋　●生息：潮間帯～水深20m　●採集地：沖永良部島
＊殻高：8cm。肩と体層中央に白帯がある。白帯の縁に大きい黒点列がある。

イタチイモ　*C. (R.) mustelinus*
●分布：三宅島・紀伊半島以南～熱帯西太平洋　●生息：潮間帯～水深20m　●採集地：名瀬湾
＊殻高：4cm。白帯の縁どり以外に黒褐色の色点列はない。

キヌカツギイモ　*C. (Virgiconus) flavidus*
●分布：房総半島以南～熱帯西太平洋　●生息：潮間帯～水深20m　●採集地：沖永良部島
＊殻高：5.5cm。肩に結節がない。

ヤセイモ　　C. (V.) emaciatus
●分布：八丈島・紀伊半島以南～熱帯西太平洋　●生息：潮間帯～水深20m　●採集地：沖永良部島
＊殻高：6cm。体層中央がややくぼむ。

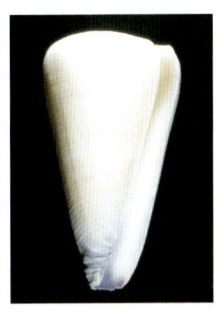

オトメイモ
C. (V.) virgo
●分布：八丈島・紀伊半島以南～熱帯西太平洋　●生息：潮下帯～水深15m　●採集地：沖永良部島
＊殻高：11.5cm。殻底は青紫色。

ヤキイモ　　C. (Pionoconus) magus
●分布：八丈島・九州南部以南～熱帯西太平洋　●生息：潮間帯～水深100m　●採集地：奄美大島・芦徳
＊殻高：8.5cm。殻表には不規則な褐色斑がある。

ヒラマキイモ　　C. (Dauciconus) planorbis
●分布：八丈島・紀伊半島以南～熱帯西太平洋, 北西オーストラリア　●生息：潮間帯～水深60m　●採集地：奄美大島・芦徳
＊殻高：7cm。中央と肩部下に各1本の白色螺帯をもつ。

アンボンクロザメ
C. (Lithoconus) litteratus
●分布：八丈島・土佐湾以南～熱帯西太平洋　●生息：潮間帯～水深50m　●採集地：奄美大島
＊殻高：12cm。体層側面に約20本の黒褐色の点列がある。

クロフモドキ
C. (L.) leopardus
●分布：八丈島・紀伊半島以南～熱帯西太平洋　●生息：潮間帯～水深45m　●採集地：屋久島
＊殻高：15cm。点列は不規則。老成殻では斑点を欠く部分が多くなる。

【オニノツノガイ科】

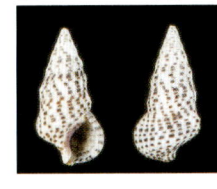

ゴマフカニモリ
Cerithium punctatum
●分布：紀伊半島以南～熱帯西太平洋　●生息：潮間帯　●採集地：

貝の見分け方　形の似た貝（海の貝）

屋久島
＊殻高：1.5cm。白地に黒色の点列がある。

クチムラサキカニモリ
Clypeomorus purpurastoma
- ●分布：屋久島以南
- ●生息：潮間帯　●採集地：屋久島

＊殻高：1.5cm。殻口は紫色。

フシカニモリ
Rhinoclavis (Rhinoclavis) pilsbryi
- ●分布：紀伊半島以南
- ●生息：潮間帯　●採集地：鹿児島湾

＊殻高：2.5cm。不規則な方形の褐色斑がある

カザリカニモリ
R. (R.) articulata
- ●分布：紀伊半島以南
- ●生息：潮間帯　●採集地：奄美大島

＊殻高：4cm。螺肋の顆粒はとがる。

1 沖永良部島　　2 鹿児島県本土産

3 トウガタカニモリ（ヒメトウガタカニモリ型）

トウガタカニモリ　*R. (R.) sinensis*

- ●分布：房総半島以南　●生息：潮間帯〜水深20m　●採集地：沖永良部島, 2は県本土産

＊殻高：6cm。縫合の下の顆粒はややとがる。3はヒメトウガタカニモリ *R. (R.) cedonulli*（殻高：3.3cm）とされていたもの。

コンシボリツノブエ
Cerithium atromarginatum
- ●分布：紀伊半島以南
- ●生息：潮間帯　●採集地：屋久島

＊殻高：1.5cm。外唇後端には目立った斑紋がある。

ホソシボリツノブエ
C. egenum
- ●分布：紀伊半島以南
- ●生息：潮間帯　●採集地：屋久島

＊殻高：1cm。殻はやや細長く、体層の底部に褐色斑列をもつ。

【トウガタガイ科】

ネコノミミクチキレ
Otopleura auriscati
- ●分布：奄美諸島以南
- ●生息：潮間帯〜水深20m　●採集地：奄美大島

＊殻高：2cm。縦肋は強く、肩部は結節状。内唇に歯状突起がある。

シイノミクチキレ
O. mitralis
- ●分布：三宅島以南
- ●生息：潮間帯〜水深20m　●採集地：沖永良部島

＊殻高：1.5cm。螺層はふくれ、縦肋はやや弱い。

【タケノコガイ科】

シチクガイ
Hastula rufopunctata
●分布：房総半島・山口県北部以南～熱帯西太平洋 ●生息：潮間帯～水深20m ●採集地：串木野市
＊殻高：3.2cm。殻の色は暗紫色。縫合下に褐色点を伴う白帯がある。

ホソシチクモドキ
H. matheroniana
●分布：紀伊半島以南～熱帯西太平洋 ●生息：潮間帯～水深60m ●採集地：奄美大島・根原
＊殻高：3.2cm。縦肋があり、肋間は広い。

シチクモドキ
H. strigilata
●分布：紀伊半島以南～熱帯西太平洋 ●生息：潮間帯～水深60m ●採集地：奄美大島・根原
＊殻高：4.1cm。殻の色は淡黄色。縫合下にあざやかな褐色点を伴う白帯がある。

シラネタケ
Hastulopsis melanacme
●分布：房総半島・山形県以南 ●生息：水深20～60m ●採集地：阿久根市高之口
＊殻高：3cm。体層周縁がやや角張る。

ゴトウタケ
H. gotoensis
●分布：本州（房総半島，山口県北部）以南 ●生息：水深40～200m ●採集地：熊本県・牛深沖
＊殻高：4cm。縦肋が明瞭で湾曲する。

コンゴウトクサ
Decorihastula undulata
●分布：房総半島以南～熱帯西太平洋 ●生息：水深20～60m ●採集地：鹿児島湾
＊殻高：4cm。縫合下帯は白色の結節を伴う。

カスリコンゴウトクサ
D. kilburni
●分布：紀伊半島以南～熱帯西太平洋 ●生息：水深20～30m ●採集地：鹿児島湾
＊殻高：3cm。殻表には不規則な赤褐色斑を散らす。

シロフタスジギリ
D. columellaris
●分布：房総半島以南～熱帯西太平洋 ●生息：潮間帯～30m ●採集地：鹿児島湾
＊殻高：5cm。殻表には不規則な縦長の白色斑がある。

シュマダラギリ
D. nebulosa
●分布：本州（相模湾，山口県北部）以南～熱帯西太平洋 ●生息：潮間帯～30m ●採集

地：屋久島
＊殻高：3cm。殻色は桃褐色〜赤褐色。

ムシロタケ　*D. affinis*
●分布：紀伊半島以南〜熱帯西太平洋　●生息：潮間帯〜40m　●採集地：沖永良部島
＊殻高：4.5cm。殻表にはやや方形の褐色斑がある。

マキザサ
Dimidacus babylonia
●分布：紀伊半島以南〜熱帯西太平洋　●生息：潮間帯〜30m　●採集地：加計呂麻島
＊殻高：7cm。螺層にある3本の螺溝によって縦肋は区切られ、タイル状となる。

シロイボニクタケ
D. quoygaimardi
●分布：紀伊半島以南〜熱帯西太平洋　●生息：水深2〜30m　●採集地：奄美大島・名瀬湾
＊殻高：4.5cm。縫合下帯には白色の結節が並ぶ。

ホソニクタケ　*D. laevigata*
●分布：相模湾・若狭湾以南〜熱帯西太平洋　●生息：潮間帯下部〜水深30m　●採集地：奄美大島・名瀬湾
殻高：4.3cm。縫合下帯に縦襞がない。

ヒメトクサ
Brevimyurella japonica
●分布：北海道南部以南
●生息：水深5〜45m
●採集地：愛知県・三河湾
＊殻高：4cm。縦肋の下半分のみ暗褐色。

アワジタケ
B. awajiensis
●分布：房総半島〜瀬戸内海　●生息：水深20〜60m　●採集地：愛知県・三河湾
＊殻高：4.7cm。縫合下に螺溝が1本ある。

【イガイ科】

クジャクガイ
Septifer bilocularis
●分布：本州（能登、房総半島）以南〜熱帯西太平洋　●生息：潮間帯〜水深10m　●採集地：屋久島
＊殻長：2.2cm。腹縁は刻まれる。殻頂下内面に隔板がある。

シロインコ　*S. excisus*
●分布：房総半島〜熱帯西太平洋　●生息：潮間帯〜水深20m
●採集地：奄美大島
＊殻長：2cm。殻表は黄白色。内面は褐色がかった白色。隔板がある。

　属名*Septifer*は「隔板がある」の意。シロインコ、ムラサキインコ、クジャクガイ、ヒメイガイの殻頂の下には隔板がある。

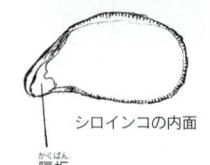

シロインコの内面
隔板

ムラサキインコ　*S. virgatus*
●分布：北海道南西部以南　●生息：潮間帯
●採集地：頴娃町・番所
＊殻長：2.5cm。殻毛をもたない。隔板をもつ。

ムラサキイガイ　*Mytilus galloprovincialis*
●分布：北海道以南　●生息：潮間帯〜水深20m，内湾的環境を好む　●採集地：鹿児島市・永田川河口
＊殻長：5cm。外面は黒紫色，内面は青みがかった白色。

ヒバリガイ
Modiolus nipponicus
●分布：本州（陸奥湾，山形）〜九州　●生息：潮間帯〜水深20m　●採集地：出水郡東町
＊殻長：3.5cm。粗い毛状の殻皮がある。

リュウキュウヒバリ
M. auriculatus
●分布：紀伊半島以南〜熱帯西太平洋　●生息：潮間帯　●採集地：沖永良部島

＊殻長：3cm。殻皮毛は細密で短い。

イシマテ　*Lithophaga (Leiosolenus) curta*
●分布：陸奥湾〜九州　●生息：潮間帯　●サンゴにせ穿孔する　●採集地：知覧町塩屋
＊殻長：4.1cm。殻表に薄く石灰質の沈着がある。

カクレイシマテ
L. (Labis) srimitica
●分布：房総半島から九州　●生息：潮間帯〜水深20m，サンゴに穿孔する　●採集地：上甑島・里村市之浦
＊殻長：2.1cm。石灰質の沈着は厚く，後縁を越える。

【シュモクガイ科】

ヒリョウガイ
Malleus (Malvufundus) irregularis
●分布：房総半島以南　●生息：潮間帯　●採集地：桜島・袴腰
＊殻高：7.7cm。殻は不定形。内靭帯をもつ。

【マクガイ科】

シロアオリ
Isognomon legumen
●分布：房総半島以南　●生息：潮間帯〜水深20m　●採集地：桜島・袴腰
＊殻高：8cm。内部に数個の靭帯をもつ。

貝の見分け方

形の似た貝（海の貝）

【フネガイ科】

サルボウ
Scapharca kagoshimensis
- 分布：東京湾以南
- 生息：潮下帯上部～水深20m
- 採集地：吹上浜

＊殻長：5.5cm。横長の長方形状。左殻は右殻よりやや大きい（1mm程度）。

クイチガイサルボウ
S. inaequivalvis
- 分布：房総半島～九州
- 生息：潮下帯上部
- 採集地：吹上浜

＊殻長：7.5cm。左殻は右殻より著しく大きく（2～3mm）、ふくらみもサルボウより大きい。

【トマヤガイ科】

トマヤガイ　*Cardita leana*
- 分布：北海道南部～台湾，朝鮮半島
- 生息：潮間帯
- 採集地：沖永良部島

＊殻長：3cm。放射肋は強く鱗立つ。

クロフトマヤ　*C. variegata*
- 分布：紀伊半島以南～熱帯西太平洋
- 生息：潮間帯～水深15m
- 採集地：沖永良部島

＊殻長：2.5cm。肋上には暗褐色の斑点がある。

【モシオガイ科】

モシオガイ
Nipponocrassatella japonica
- 分布：男鹿半島・房総半島以南
- 生息：水深5～100m
- 採集地：鹿児島湾

＊殻長：4cm。殻頂付近には明らかな輪肋があるが、下の方はほとんど平滑。

スダレモシオ　*N. nana*
- 分布：男鹿半島・房総半島以南
- 生息：水深15～100m
- 採集地：志布志湾

＊殻長：4cm。殻表には規則的な粗い同心円肋がある。殻後端はやや細まる。

【ザルガイ科】

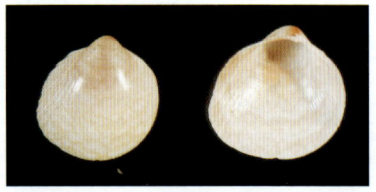

マダラチゴトリ　*Laevicardium undatopictum*
- 分布：房総半島以南
- 生息：潮間帯下部～水深100m
- 採集地：下甑島・手打

殻長：1.5cm。殻表に紫褐色の斑紋がある。

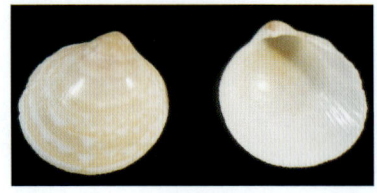

ボタンガイ　*Fulvia australis*

●分布：紀伊半島以南 ●生息：潮間帯～水深30m ●採集地：下甑島・手打
＊殻長：2.5cm。殻表には細かい放射肋がある。

エマイボタン *F. aperta*
●分布：房総半島以南 ●生息：水深3～30m
●採集地：福岡県・福間
＊殻長：5cm。後方にいくらか長くなり、後端は両殻合わせたとき少し開いている。

【バカガイ科】

シオフキ *Mactra veneriformis*
●分布：宮城県以南，四国，九州，沿海州南部から朝鮮半島，中国大陸沿岸 ●生息：潮間帯～水深20m ●採集地：国分市
＊殻長：4.5cm。殻はよくふくらみ丸い。

リュウキュウバカガイ *M. maculata*
●分布：紀伊半島から九州，中国大陸沿岸
●生息：潮間帯～水深30m ●採集地：奄美大島・芦徳
＊殻長：6.5cm。殻表はほとんど平滑で，褐色の斑点がある。

【チドリマスオ科】

イソハマグリ *Atactodea striata*
●分布：房総半島以南 ●生息：潮間帯 ●採集地：沖永良部島
＊殻長：3cm。亜三角形。後縁はややとがる。

クチバガイ *Coecella chinensis*
●分布：北海道南西部以南 ●生息：潮間帯
●採集地：上甑島・里
＊殻長：2cm。褐色の殻皮がある。

【ニッコウガイ科】

ニッコウガイ *Tellinella virgata*
●分布：奄美諸島以南～熱帯西太平洋
●生息：潮間帯～水深20m ●採集地：沖永良部島
＊殻長：6.4cm。卵形，殻表には弱い同心円状の肋がある。

ヒメニッコウ *T. staurella*
●分布：紀伊半島以南～熱帯西太平洋，熱帯インド・西太平洋 ●生息：潮間帯～水深20m
●採集地：沖永良部島
＊殻長：4cm。前後に長い楕円形。

貝の見分け方 / 形の似た貝（海の貝）

ベニガイ　*Pharaonella sieboldii*
●分布：北海道〜九州　●生息：潮間帯〜水深20m　●採集地：鹿児島湾
＊殻長：6.4cm。後方は細まる。

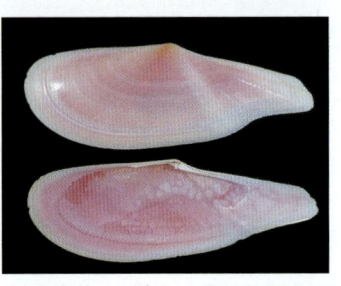

トンガリベニガイ　*Ph. aurea*
●分布：奄美諸島以南　●生息：潮間帯〜水深10m　●採集地：奄美大島・手花部
＊殻長：7.2cm。ベニガイに比べ後端はくちばし状に細くとがる。

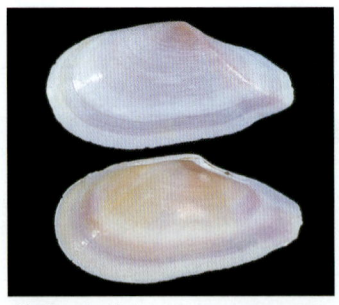

ダイミョウガイ　*Ph. perna*
●分布：紀伊半島以南　●生息：潮間帯〜水深10m　●採集地：奄美大島・芦徳
＊殻長：7cm。前端はやや円い。後端はややとがり、右側にまがる。

オオシマダイミョウ　*Ph. tongana*
●分布：奄美諸島以南　●生息：潮間帯〜水深20m　●採集地：奄美大島・手花部
＊殻長：9cm。殻頂部から伸びる紅色放射彩がある。

ユウシオガイ　*Moerella rutila*
●分布：陸奥湾以南　●生息：内湾の潮間帯　●採集地：姶良町
＊殻長：1.8cm。前方の円みが著しい。淡紅色、淡黄色、白色など、殻色に変異がある。

テリザクラ　*M. iridescens*
●分布：房総半島以南　●生息：潮間帯〜水深20m　●採集地：福岡県・福間
＊殻長：2cm。やや横長で後端はとがる。

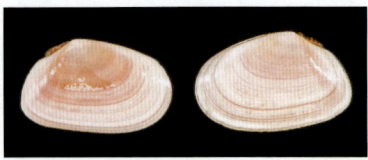

サクラガイ　*Nitidotellina hokkaidoensis*
●分布：北海道南西部以南　●生息：潮間帯〜水深80m　●採集地：福岡県・福間

＊殻長：1.8cm。殻頂から後腹隅にかけて濃色帯が出る。

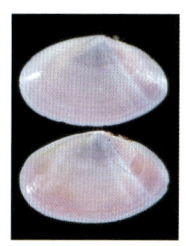

カバザクラ *N. iridella*
●分布：房総半島以南 ●生息：潮間帯〜水深30m ●採集地：福岡県・福間
＊殻長：2.1cm。殻頂から後腹縁へ2本の白帯が走る。

ワスレイソシジミ *N. obscucura*
●分布：北海道以南 ●生息：潮間帯〜水深10m ●採集地：加世田市・万之瀬川河口
＊殻長：5cm。殻はイソシジミよりも厚い。

【シオサザナミ科】

ハザクラ *Psammotaea minor*
●分布：房総半島以南，熱帯インド・西太平洋 ●生息：内湾潮間帯 ●採集地：鹿児島市・永田川河口
＊殻長：3.2cm。殻は薄く，楕円形。

【マルスダレガイ科】

アサリ *Ruditapes philippinarum*
●分布：北海道〜九州，朝鮮，中国大陸沿岸 ●生息：潮間帯〜水深10m ●採集地：川内川河口
＊殻長：3.6cm。殻表は粗い布目状。殻のふくらみがやや強い。

オチバガイ *Ps. virescens*
●分布：本州（東京湾，若狭湾）以南〜東南アジア ●生息：内湾潮間帯 ●採集地：志布志湾
＊殻長：4cm。前後に長い楕円形。内面は淡紫色。

ヒメアサリ *R. variegatus*
●分布：房総半島〜台湾，中国大陸南岸，東南アジア ●生息：潮間帯 ●採集地：屋久島
＊殻長：3.2cm。内面は淡紅色。外洋的環境にすむ。アサリに比べて殻のふくらみがやや弱く，放射肋もやや細かい。

イソシジミ *Nuttallia japonica*
●分布：北海道南西部以南 ●生息：潮間帯〜水深10m ●採集地：加世田市・万之瀬川河口
＊殻長：3.5cm。左殻が右殻よりふくらむ。

ホソスジイナミガイ *Gafrarium pectinatum*
●分布：八丈島・紀伊半島以南，熱帯インド・西太平洋 ●生息：潮間帯〜水深20m ●採集

地：沖永良部島
＊殻長：3.5cm。楕円形。殻表にこげ茶色の斑点がある。

アラスジケマン *G. tumidum*
●分布：奄美諸島以南〜熱帯西太平洋 ●生息：潮間帯〜水深20m ●採集地：奄美大島・手花部
＊殻長：4.5cm。卵楕円形。放射肋は太く顕著、後部で分岐する。

オイノカガミ *Bonartemis histrio histrio*
●分布：紀伊半島以南 ●生息：潮間帯〜水深60m ●採集地：川内川河口
＊殻長：3.5cm。殻表に放射彩がある。

サザメガイ *B. h. iwakawai*
●分布：房総半島以南 ●生息：潮間帯〜水深50m ●採集地：志布志湾
＊殻長：3.5cm。オイノカガミより光沢も輪脈も弱い。

オキアサリ *Gomphina semicancellata*
●分布：房総半島以南、台湾、中国大陸南岸
●生息：潮間帯 ●採集地：加世田市・新川
＊殻長：4.5cm。亜三角形。前端は円いが、後端は細まる。

コタマガイ *G. melanegis*
●分布：北海道南部〜九州、朝鮮半島 ●生息：潮間帯〜水深50m ●採集地：志布志湾
＊殻長：7.2cm。後端がとがった楕円形。腹縁の円みはオキアサリより大きい。

陸の貝
【ヤマタニシ科】

オキノエラブヤマトガイ
Japonia tokunoshimana okinoerabuensis
●分布：沖永良部島の固有種 ●生息：落ち葉の中 ●採集地：沖永良部島
＊殻径：0.5cm。体層には長い毛が2列並ぶ。絶滅危惧Ⅱ類（鹿児島県）。

ケブカヤマトガイ *J. hispida*

●分布：宇治群島（家島・向島）の固有種　●生息：落ち葉の下の土中　●採集地：宇治群島・家島
＊殻径：0.4cm。殻表には細毛が密生している。絶滅危惧Ⅱ類（鹿児島県）。

イトマキヤマトガイ　*J. striatula*
●分布：宇治群島（家島・向島）の固有種　●生息：落ち葉の下の土中　●採集地：宇治群島・向島
＊殻径：0.5cm。体層周縁には長い毛の列が上下2列ある。絶滅危惧Ⅱ類（鹿児島県）。

ヤマタニシ　*Cyclophorus herklotsi*
●分布：本州（関東以西），四国，九州，種子島，屋久島，口永良部島　●生息：落ち葉の中　●採集地：種子島
＊殻径：2cm。普通は周縁に黒褐色の帯が1本あるが，希にないものもある。

キカイヤマタニシ　*C. kikaiensis*
●分布：喜界島，徳之島　●生息：落ち葉の中　●採集地：徳之島
＊殻径：1.5cm。周縁に弱い角がある。

オオヤマタニシ　*C. hirasei*
●分布：奄美大島，加計呂麻島，徳之島　●生息：落ち葉の中　●採集地：徳之島・井之川岳
＊殻径：3cm。周縁に黒帯が1本ある。準絶滅危惧（鹿児島県）。

【ヤマクルマ科】

ヤマクルマ　*Spirostoma japonicum japonicum*
●分布：本州（近畿以西），四国，九州，下甑島　●生息：落ち葉の中　●採集地：下甑島
＊殻径：1.5cm。蓋は円錐状にとがる。

ヒメヤマクルマ　*S. j. nakadai*
●分布：種子島，屋久島，口永良部島，口之島　●生息：落ち葉の中　●採集地：種子島
＊殻径：1cm。ヤマクルマより小さい。

【ムシオイガイ科】

ヒメムシオイ　*Chamalycaeus purus*
●分布：奄美大島，徳之島　●生息：落ち葉の中　●採集地：奄美大島・秋名（魚住賢司）
＊殻径：0.3cm。殻表には細かい成長脈がある。

絶滅危惧Ⅰ類（鹿児島県）。

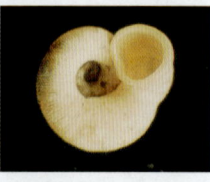

オオシマムシオイ　*C. oshimanus*
●分布：奄美大島，加計呂麻島　●生息：落ち葉の中　●採集地：奄美大島・名瀬市春日町
＊殻径：0.4cm。殻表には弱い成長脈が密に現れる。絶滅危惧Ⅱ類（鹿児島県）。

トクノシマムシオイ
C. tokunoshimanus tokunoshimanus
●分布：徳之島，与路島　●生息：落ち葉の中　●採集地：徳之島・天城山
＊殻径：0.4cm。絶滅危惧Ⅰ類（鹿児島県）。

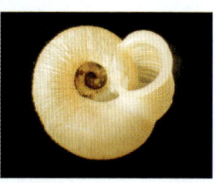

オオムシオイ　*C. t. principialis*
●分布：奄美大島　●生息：落ち葉の中　●採集地：奄美大島・福元（西　邦雄）
＊殻径：0.6cm。体層の後半は著しくふくれる。絶滅危惧Ⅰ類（鹿児島県）。

ヌメクビムシオイ　*C. satsumanus laevicervix*
●分布：口永良部島の固有種　●生息：落ち葉の中　●採集地：口永良部島
＊殻径：0.4cm。絶滅危惧Ⅱ類（鹿児島県）。

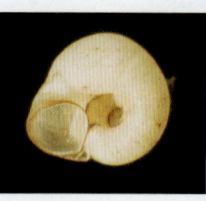

ベニムシオイ　*C. laevis*
●分布：中之島，平島，諏訪之瀬島，悪石島，宝島　●生息：落ち葉の中　●採集地：平島
＊殻径：0.4cm。絶滅危惧Ⅱ類（鹿児島県）。

クチビラキムシオイ　*C. expanstoma*
●分布：宇治群島（家島・向島）の固有種　●生息：落ち葉の中　●採集地：宇治群島（家島）
＊殻径：0.6cm。外唇の上部が著しく伸びている。準絶滅危惧（鹿児島県）。

【ゴマオカタニシ科】

フクダゴマオカタニシ
Georissa hukudai
●分布：沖永良部島，与論島，沖縄本島　●生息：林内の石の下　●採集地：沖縄県那覇市首里
＊殻高：0.2cm。螺層はふくらみ，縫合は深い。絶滅危惧Ⅱ類（鹿児島県）。

リュウキュウゴマオカタニシ　*G. luchuana*
●分布：奄美大島（名瀬市），沖永良部島，与論島，石垣島，西表島　●生息：落ち葉の中や石の下　●採集地：奄美大島・名瀬市
＊殻高：0.2cm。フクダゴマオカタニシよりも彫刻は粗い。絶滅危惧Ⅱ

類（鹿児島県）。

【アズキガイ科】

1　2　3

アズキガイ　*Pupinella (Pupinopsis) rufa*
1：ふつうのアズキガイ　2：白色型　3：幼貝
●分布：本州（長野県以西）、四国、九州、種子島、屋久島、口永良部島、口之島、中之島、甑島　●生息：落ち葉の中　●採集地：鹿児島市・城山、2は三島村・黒島
＊殻高：1cm。殻はやや薄い。殻口に1対の切れ込みがある。

フナトウアズキガイ
P.(P.) funatoi
●分布：種子島、屋久島、口永良部島、口之島
●生息：落ち葉の中
●採集地：屋久島
＊殻高：0.7cm。アズキガイより小さい。

オオシマアズキガイ
P.(P.) oshimae oshimae
●分布：奄美大島、加計呂麻島、徳之島　●生息：落ち葉の中　●採集地：奄美大島・湯湾岳
＊殻高：1cm。各螺層はよくふくらむ。絶滅危惧Ⅱ類（鹿児島県）。

トクノシマアズキガイ
P.(P.) o. tokunoshimana
●分布：加計呂麻島・須子茂離、徳之島　●生息：落ち葉の中　●採集地：加計呂麻島・須子茂離

＊殻高：0.9cm。口の後端にある切れ込みの幅はアズキガイより小さい。絶滅危惧Ⅱ類（鹿児島県）。

【ゴマガイ科】

ニヨリゴマガイ
Diplommatina (Sinica) nesiotica
●分布：平島、諏訪之瀬島、悪石島　●生息：落ち葉の中　●採集地：悪石島（冨山清升）
＊殻高：0.3cm。次体層は最大幅となる。絶滅危惧Ⅱ類（鹿児島県）。

ハラブトゴマガイ
D.(S.) saginata
●分布：種子島、屋久島、トカラ、奄美大島、加計呂麻島、徳之島　●生息：落ち葉の中　●採集地：奄美大島・名瀬市・高千穂神社
＊殻高：0.3cm。絶滅危惧Ⅱ類（鹿児島県）。

ハンミガキゴマガイ
D.(S.) nishii
●分布：上甑島の固有種　●生息：落ち葉の中
●採集地：上甑島・里
＊殻高：0.2cm。体層と次体層は平滑で光沢がある。絶滅危惧Ⅱ類（鹿児島県）。

トウガタゴマガイ
D.(S.) turris turris
●分布：奄美大島、加計呂麻島　●生息：落ち葉の中　●採集地：加計呂麻島

＊殻高：0.3cm。塔状の円錐形。細かい縦肋がある。絶滅危惧Ⅱ類（鹿児島県）。

イトカケゴマガイ
D. (S.) t. chineni
●分布：中之島、悪石島、宝島 ●生息：落ち葉の中 ●採集地：悪石島（冨山清升）
＊殻高：0.3cm。殻表の縦肋はトウガタゴマガイより粗い。絶滅危惧Ⅱ類（鹿児島県）。

リュウキュウゴマガイ
D. (S.) luchuana
●分布：徳之島、沖縄諸島 ●生息：落ち葉の中 ●採集地：与那国島
＊殻高：0.3cm。縦肋はきわめて弱い。絶滅危惧Ⅰ類（鹿児島県）。

オオシマゴマガイ
D. (Benigoma) oshimae
●分布：奄美大島の固有種 ●生息：落ち葉の中 ●採集地：奄美大島・湯湾岳（西　邦雄）
＊殻高：0.3cm。次体層が最大幅となる。絶滅危惧Ⅱ類（鹿児島県）。

【カワザンショウガイ科】

ウスイロヘソカドガイ
Paludinellassiminea stricta
●分布：房総半島・能登半島以南、四国、九州、種子島、屋久島、喜界島、沖永良部島、与論島 ●生息：潮上帯の上部で小石や打ち上げ物の間にすむ ●採集地：沖永良部島
＊殻高：0.5cm。臍の周囲に角がある。

ウスイロオカチグサ
Paludinella debilis
●分布：四国（香川県）、九州、鹿児島市、種子島、宝島 ●生息：流水のある湧水地や小河川、側溝 ●採集地：鹿児島市山下町（黎明館裏の側溝）
＊殻高：0.4cm。臍の周囲に角はない。

ツブカワザンショウ
Assiminea estuarina
●分布：山口県北部以南 ●生息：河口干潟 ●採集地：長崎県諫早市吾妻町
＊殻高：0.4cm。殻は球状で丸みが強い。絶滅危惧Ⅰ類（鹿児島県）。

クリイロカワザンショウ
Angustassiminea castanea
●分布：岩手県以南〜九州、下甑島、種子島、屋久島、宝島 ●生息：河口汽水域の干潟 ●採集地：福岡県・今川河口
＊殻高：0.5cm。殻に光沢がある。絶滅危惧Ⅰ類（鹿児島県）。

サツマクリイロカワザンショウ
A. satsumana
●分布：本州中部以南、種子島、宝島、奄美大島、沖永良部島 ●生

息：河口汽水域の干潟
●採集地：種子島
＊殻高：0.6cm。クリイロカワザンショウに比べ、螺塔が高い。絶滅危惧Ⅰ類（鹿児島県）。

【オカミミガイ科】

ナガオカミミガイ
Auriculastra sp.
●分布：奄美大島以南 ●生息：内湾的な海岸の川の汽水域 ●採集地：奄美大島・芦徳
＊殻高：1.3cm。殻頂部は鋭い。絶滅危惧Ⅱ類（鹿児島県）。

フクロナリオカミミガイ
A. saccata
●分布：奄美大島以南 ●生息：マングローブ林内 ●採集地：奄美大島・住用川河口
＊殻高：1.4cm。殻は赤褐色。外唇は肥厚しない。絶滅危惧Ⅰ類（鹿児島県）。

シイノミミミガイ *Cassidula plecotrematoides*
●分布：三浦半島以南 ●生息：内湾の潮上帯の転石下 ●採集地：奄美大島・住用川河口
＊殻高：1.4cm。殻に光沢がある。絶滅危惧Ⅰ類（鹿児島県）。

カタシイノミミミガイ *C. crassiuscula*

●分布：奄美大島以南 ●生息：マングローブ林内 ●採集地：奄美大島・住用川河口
＊殻高：1.4cm。外唇は張り出す。絶滅危惧Ⅰ類（鹿児島県）。

【キセルモドキ科】

キセルモドキ
Mirus reinianus
●分布：本州, 四国, 九州
●生息：樹上性 ●採集地：福岡県古賀市・薬王寺（魚住賢司）
＊殻高：2.7cm。殻口の周縁は白色で厚くなる。

ホソキセルモドキ
M. rugulosus
●分布：九州 ●生息：樹上性 ●採集地：吾平町・吾平山陵
＊殻高：2cm。殻は細い円筒状。

チャイロキセルモドキ
Luchuena nesiotica
●分布：九州南部（佐多岬）, 屋久島, 黒島, 口之島, 宇治群島 ●生息：樹上性 ●採集地：宇治群島・家島
＊殻高：1.9cm。殻はやや薄く黄褐色である。絶滅危惧Ⅱ類（鹿児島県）。

ウスチャイロキセルモドキ *L. fulva*
●分布：沖永良部島, 沖縄本島 ●生息：樹上性 ●採集地：沖永良部島
＊殻高：1.9cm。チャイロキセルモドキより色が薄い。絶滅危惧Ⅰ類（鹿児島県）。

オオシマキセルモドキ
L. eucharista oshimana
●分布：喜界島，奄美大島，加計呂麻島，徳之島 ●生息：樹上性 ●採集地：徳之島
＊殻高：1.9cm。殻はやや薄い。準絶滅危惧（鹿児島県）。

キカイキセルモドキ
L. reticulata
●分布：奄美大島，喜界島，沖永良部島，沖縄本島 ●生息：樹上性 ●採集地：沖永良部島
＊殻高：1.8cm。殻はやや厚く，ふくらんでいる。

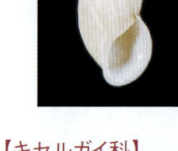

【キセルガイ科】

ハラブトノミギセル
Hemizaptyx ptychocyma
●分布：種子島，屋久島 ●生息：落ち葉の中 ●採集地：屋久島
＊殻高：1.1cm。殻は紡錘形。体層の外唇背面に隆起部（クレスト）がある。腔襞全体が体層の側面にある。キセルガイ類はすべて左巻きである。

各部の名称
- 腔襞
- 湾入
- 上板
- 下板
- 下軸板

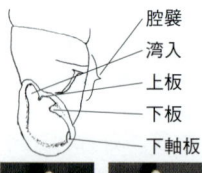

ユキタノミギセル
H. yukitai
●分布：三島村黒島の固有種 ●生息：落ち葉の中 ●採集地：三島村・黒島
＊殻高：1.3cm。腔襞全体が体層の側面ではなく，著しく腹部へ寄っている。準絶滅危惧（鹿児島県）。

イトカケノミギセル
H. caloptyx caloptyx
●分布：種子島，屋久島 ●生息：落ち葉の中 ●採集地：屋久島
＊殻高：0.9cm。紡錘形でうすい黄褐色。絶滅危惧Ⅱ類（鹿児島県）。

クサカキノミギセル
H. kusakakiensis
●分布：草垣群島の固有種 ●生息：落ち葉の中 ●採集地：草垣群島・上ノ島（冨山清升）
＊殻高：0.9cm。殻口縁背部に隆起部（クレスト）がある。絶滅危惧Ⅱ類（鹿児島県）。

ツムガタノミギセル
H. munus
●分布：奄美大島，加計呂麻島 ●生息：落ち葉の中 ●採集地：名瀬市
＊殻高：1.3cm。殻表の成長脈は細かい。絶滅危惧Ⅱ類（鹿児島県）。

カドシタノミギセル
Heterozaptyx oxypomatica
●分布：奄美大島の固有種 ●生息：落ち葉の中 ●採集地：奄美大島・戸円
＊殻高：1.2cm。殻は紡錘形。絶滅危惧Ⅱ類（鹿児島県）。

エダヒダノミギセル
Diceratopyx cladoptyx
●分布：徳之島の固有種 ●生息：落ち葉の中 ●採集地：徳之島・井之

川岳
＊殻高：1.2cm。殻口は卵形。唇縁は反転し，わずかに厚くなる。絶滅危惧Ⅰ類(鹿児島県)。

ホソウチマキノミギセル
Stereozaptyx exulans
●分布：奄美大島の固有種 ●生息：落ち葉の中や倒木の下 ●採集地：奄美大島・金作原
＊殻高：1.2cm。殻口に近い背面には明瞭な成長脈がある。絶滅危惧Ⅱ類(鹿児島県)。

ソトバウチマキノミギセル *S. exodonta*
●分布：奄美大島の固有種 ●生息：朽木や落ち葉の中 ●採集地：奄美大島龍郷町(魚住賢司)
＊殻高：1.2cm。外唇の内側の突起と上板が相対して湾入部をつくる。絶滅危惧Ⅱ類(鹿児島県)。

コシキジマギセル
Placeophaedusa koshikijimana
●分布：上(中・下)甑島甑島の固有種 ●生息：落ち葉の中 ●採集地：上甑島・里
＊殻高：1.3cm。殻は紡錘形で黄褐色。絶滅危惧Ⅱ類(鹿児島県)。

ザレギセル
Luchuphaedusa mima
●分布：奄美大島，徳之島 ●生息：朽木の下 ●採集地：徳之島・井之川岳
＊殻高：1.4cm，コシキジマギセルよりふくらみは強い。絶滅危惧Ⅱ類(鹿児島県)。

アズマギセル
L. azumai
●分布：上甑島，下甑島甑島の固有種 ●生息：落ち葉の中や倒木の下 ●採集地：下甑島
＊殻高：2cm。内唇に鋸歯状の刻みがある。準絶滅危惧(鹿児島県)。

オオシマギセル
L. oshimae
●分布：奄美大島，徳之島 ●生息：落ち葉の中や倒木の下 ●採集地：徳之島・井之川岳
＊殻高：2cm。殻口内唇には刻み目が顕著。準絶滅危惧(鹿児島県)。

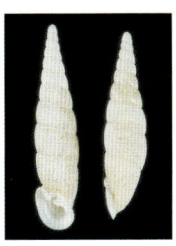

クサレギセル
L. o. degenerata
●分布：徳之島の固有種 ●生息：朽木の下 ●採集地：徳之島・天城山(魚住賢司)
＊殻高：2.3cm。湊 宏氏はオオシマギセルと同種であるとしている。絶滅危惧Ⅰ類(鹿児島県)。

貝の見分け方

形の似た貝(陸の貝)

トクノシマギセル
L. mima tokunoshimana
●分布：徳之島の固有種　●生息：落ち葉の中●採集地：徳之島・井之川岳
＊殻高：2.1cm。湊氏はザレギセルと同種とする。絶滅危惧Ⅰ類（鹿児島県）。

タブキギセル
Mesophaedusa tabukii
●分布：高山町・国見山,甫与志岳,鹿屋市・高隈山　●生息：倒木に付着●採集地：鹿屋市・高隈山（魚住賢司）
＊殻高：1.7cm。殻表の成長脈は細かい。絶滅危惧Ⅱ類（鹿児島県）。

オキモドキギセル
M. okimodoki
●分布：九州（大分, 熊本, 宮崎, 鹿児島の各県）　●生息：倒木や朽木の下, 落ち葉の中●採集地：大口市・奥十曽
＊殻高：2.8cm。殻表に細かい成長脈がある。唇縁は白色, 外に向かって反曲する。絶滅危惧Ⅱ類（鹿児島県）。

シイボルトコギセル
Phaedusa (Phaedusa) sieboldtii
●分布：本州（新潟県南部, 伊豆半島東岸, 中国西部）, 四国, 九州　●生息：雨の時は古木の樹幹に付着しているが, 乾燥した時は樹幹の割れ目や樹皮の下に潜んでいる
●採集地：上甑島・里
●繁殖：卵胎生
＊殻高：1.7cm。殻口は白色で厚い。

ネニヤダマシギセル
P. (P.) neniopsis
●分布：奄美大島の固有種　●生息：樹上性　●採集地：奄美大島・金作原（魚住賢司）　●繁殖：卵胎生
＊殻高：1.6cm。殻の色は紫褐色。唇縁は白色。絶滅危惧Ⅰ類（鹿児島県）。

トクネニヤダマシギセル
P. (P.) caudatus
●分布：徳之島の固有種
●生息：樹上性　●採集地：徳之島・三京山（冨山清升）　●繁殖：卵胎生
＊殻高：1.8cm。殻口縁の上部は螺層から離れる。絶滅危惧Ⅰ類（鹿児島県）。

ムコウジマコギセル
P. (P.) arborea
●分布：宇治群島・向島の固有種　●生息：樹上性　●採集地：宇治群島・向島
＊殻高：1.4cm。唇縁は白色, 肥厚してそりかえる。準絶滅危惧（鹿児島県）。

ギュリキギセル
P. (Breviphaedusa) addisoni
●分布：大阪府南部，九州中・南部　●生息：林内では倒木の下，街中ではブロック塀を這っている　●採集地：鹿児島市上福元町　●繁殖：卵胎生
＊殻高：1.7cm。唇縁は白色，肥厚してそりかえる。

ハナコギセル
Pictophaedusa euholostoma
●分布：本州（伊豆半島），四国（高知県西部），九州（中・南部）　●生息：樹上性，乾燥期には樹皮下にいる　●採集地：宮崎県西都市（魚住賢司）　●繁殖：卵胎生
＊殻高：1.1cm。殻表には細かい成長脈が斜走する。上板を欠く。絶滅危惧Ⅰ類（鹿児島県）。

トカラコギセル
Proreinia vaga
●分布：本州（愛知県蒲郡市竹島，幅豆郡沖の島他），四国（足摺岬），九州（宮崎県南郷町，串木野市沖の島他），屋久島，トカラ，奄美大島，沖永良部島　●生息：樹上性　●採集地：沖永良部島　●繁殖：卵胎生
＊殻高：1.1cm。淡黄色の縞模様がある。

コダマコギセル　*P.echo*
●分布：トカラ（悪石島，平島）　●生息：樹上性　●採集地：トカラ・悪石島（魚住賢司）　●繁殖：卵胎生
＊殻高：0.8cm。殻口は四角ばった卵形。絶滅危惧Ⅱ類（鹿児島県）。

【オカモノアラガイ科】

ヒメオカモノアラガイ
Neosuccinea horticola
●分布：本州，四国，九州，種子島，屋久島，下甑島　●生息：民家の庭やブロック塀　●採集地：鹿児島市上福元町（諏訪）
＊殻高：0.8cm。体層はよくふくらむ。

ナガオカモノアラガイ
Oxyloma hirasei
●分布：本州（関東以西），九州，福岡県・福間　●生息：水辺の植物の葉上　●採集地：福岡県・福間（魚住賢司）
＊殻高：1.1cm。体層は細長い。

【ベッコウマイマイ科】

ベッコウマイマイ　*Bekkochlamys perfragilis*
●分布：奄美大島，徳之島，沖縄諸島　●生息：落ち葉の中　●採集地：徳之島・井之川岳
＊殻径：1.7cm。殻は薄く，半透明。絶滅危惧Ⅱ類（鹿児島県）。

貝の見分け方

形の似た貝（陸の貝）

クロシマベッコウ　*B. kuroshimana*
●分布：三島村黒島　●生息：落ち葉の中
●採集地：三島村・黒島
＊殻径：1.4cm。臍孔は広い。絶滅危惧Ⅱ類（鹿児島県）。

【カサマイマイ科】

オオカサマイマイ　*Videnoidea horiomphala*
●分布：九州南部（鹿児島）、奄美大島、加計呂麻島、徳之島、沖永良部島、沖縄諸島　●生息：朽木に付着　●採集地：徳之島・井之川岳
＊殻径：2cm。臍孔は広く、殻径の1/3を占める。

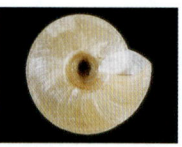

タカカサマイマイ　*V. gouldiana*
●分布：九州南部（鹿児島）、種子島、屋久島、口永良部島、トカラ、奄美大島　●生息：朽木に付着　●採集地：屋久島
＊殻径：1.4cm。臍孔はやや小さく、周囲の角は鈍くなる。

【ナンバンマイマイ科】

クマドリヤマタカマイマイ
Satsuma（Luchuhadra）adelinae
●分布：奄美大島、加計呂麻島、沖縄北部　●生息：樹上性　●採集地：奄美大島・古仁屋（魚住賢司）
＊殻径：2.6cm。淡黄褐色で、5本の色帯がある。絶滅危惧Ⅰ類（鹿児島県）。

オキノエラブヤマタカマイマイ　*S.(L.) erabuensis*
●分布：沖永良部島の固有種　●生息：樹上性
●採集地：沖永良部島
＊殻径：3cm。体層と次体層に紫黒色の帯がある。絶滅危惧Ⅰ類（鹿児島県）。

トクノシマヤマタカマイマイ
S.(L.) tokunoshimana
●分布：徳之島の固有種　●生息：樹上性　●採集地：徳之島・糸木名（魚住賢司）
＊殻径：2.6cm。色帯の現れ方に2型ある。

ヒメユリヤマタカマイマイ　*S.(L.) sooi*
●分布：沖永良部島の固有種　●生息：樹上性
●採集地：沖永良部島・内城（魚住賢司）

＊殻径：1.8cm。臍孔は閉じる。絶滅危惧Ⅰ類（鹿児島県）。

アマミヤマタカマイマイ *S.(L.) shigetai*
●分布：奄美大島の固有種　●生息：樹上性
●採集地：奄美大島・湯湾岳
＊殻径：2.2cm。貝殻は全体的にやや低い。絶滅危惧Ⅰ類（鹿児島県）。

オオシママイマイ *S. (Satsuma) lewisii lewisii*
●分布：口永良部島, 口之島, 悪石島, 宝島, 奄美大島, 加計呂麻島, 徳之島　●生息：落ち葉の中　●採集地：徳之島・犬田布岳
＊殻径：3.8cm。成長脈は細かい。

キカイオオシママイマイ *S.(S.) l.daemonorum*
●分布：喜界島の固有種　●生息：落ち葉の中
●採集地：喜界島
＊殻径：3.2cm。周縁は丸く、螺塔はより高い。絶滅危惧Ⅱ類（鹿児島県）。

チリメンマイマイ *S. (S.) rugosa*
●分布：徳之島の固有種　●生息：落ち葉の中
●採集地：徳之島・井之川岳
＊殻径：3.8cm。成長脈は著しく粗い。絶滅危惧Ⅱ類（鹿児島県）。

オキノエラブマイマイ
S.(S.) mercatoria okinoerabuensis
●分布：沖永良部島の固有種　●生息：落ち葉の中　●採集地：沖永良部島
＊殻径：3cm。臍孔は非常に小さい。絶滅危惧Ⅱ類（鹿児島県）。

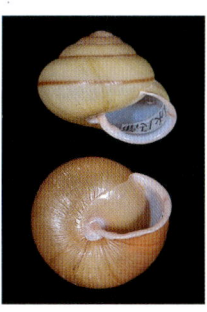

タネガシママイマイ
S.(S.) tanegashimae
●分布：種子島, 屋久島, 口永良部島, 口之島, 中之島, 諏訪之瀬島, 悪石島, 草垣群島, 宇治群島
●生息：落ち葉の中　●採集地：宇治群島・家島
＊殻径：2.8cm。臍孔は閉じる。

【オナジマイマイ科】

ツクシマイマイ *E. herklotsi herklotsi*
●分布：山口県西部, 九州, 種子島, 屋久島, 口

永良部島, 上・下甑島　●生息：落ち葉の中　●採集地：上甑島・里
＊殻径：4.2cm。大きさや色帯には著しい変異がある。

キリシママイマイ　*E.h. kirishimensis*
●分布：霧島地方（鹿児島県・宮崎県）　●生息：落ち葉の中　●採集地：宮崎県高原町・御池付近（魚住賢司）
＊殻径：2.7cm。色帯には個体変異がある。絶滅危惧Ⅱ類（鹿児島県）。

エラブマイマイ　*Nesiohelix irredidiva*
●分布：沖永良部島の固有種　●生息：落ち葉の中　●採集地：沖永良部島
＊殻径：3.2cm。絶滅危惧Ⅰ類（鹿児島県）。

チャイロマイマイ　*Phaeohelix submandarina*
●分布：大隅半島南部（佐多岬），種子島，屋久島，口永良部島，口之島，中之島，諏訪之瀬島，悪石島，宇治群島（家島・向島）　●生息：落ち葉の中　●採集地：宇治群島・家島
＊殻径：2.5cm。殻は茶褐色。臍孔は開く。

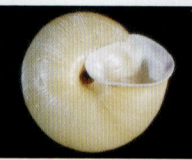

タメトモマイマイ　*P. phaeogramma phaeogramma*
●分布：宝島, 喜界島, 奄美大島, 加計呂麻島, 徳之島, 沖縄諸島　●生息：落ち葉の中　●採集地：奄美大島
＊殻径：2.5cm。色帯がない個体もある。

クロマイマイ
Euhadra tokarainsula tokarainsula
●分布：口永良部島, 中之島, 臥蛇島, 悪石島, 宝島　●生息：落ち葉や朽木の下　●採集地：口永良部島（湊　宏他）
＊殻径：4.5cm。色帯はツクシマイマイ模様。絶滅危惧Ⅱ類（鹿児島県）。

ウジグントウマイマイ　*E. t.ujiensis*
●分布：宇治群島・向島の固有種　●生息：落ち葉の下　●採集地：宇治群島・向島
＊殻径：4.9cm。殻表の成長脈は粗い。絶滅危惧Ⅱ類（鹿児島県）。

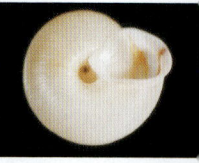

パンダナマイマイ　*Bradybaena circulus circulus*
●分布：熊本県牛深市・沖ノ島, 奄美諸島, 沖

縄諸島　●生息：野菜の葉の裏　●採集地：沖永良部島
＊殻径：1.8cm。色帯がない個体もある。野菜を食害する。

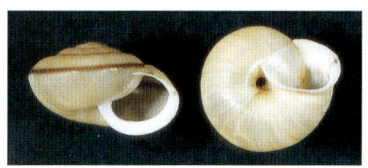

ホリマイマイ　*B. c. hiroshihorii*
●分布：男女群島・女島、宇治群島（家島・向島）　●生息：海岸付近の石の下　●採集地：宇治群島・家島
＊殻径：1.6cm。外唇の背後が白く染まる。準絶滅危惧（鹿児島県）。

【ナンバンマイマイ科】

ケハダシワクチマイマイ
Moellendorffia (Trichelix) eucharistus
●分布：奄美大島の固有種　●生息：朽木の下　●採集地：奄美大島・金作原
＊殻径：1.8cm。殻表には2種の毛が規則的に密生している。準絶滅危惧（鹿児島県）。

コケハダシワクチマイマイ　*M.(T.) diminuta*
●分布：奄美大島，加計呂麻島　●生息：朽木の下　●採集地：奄美大島・小宿
＊殻径：1.3cm。ケハダシワクチマイマイより小さい。絶滅危惧Ⅱ類（鹿児島県）。

トクノシマケハダシワクチマイマイ
M.(T.) tokunoensis
●分布：徳之島の固有種　●生息：倒木の下や落ち葉の中　●採集地：徳之島・天城山（魚住賢司）
＊殻径：2cm。殻表には粗密2種の毛が密生する。絶滅危惧Ⅰ類（鹿児島県）。

クチジロビロウドマイマイ
Yakuchloritis albolabris
●分布：屋久島の固有種　●生息：朽木の下　●採集地：屋久島・国割岳山腹（西　邦雄）
＊殻径：2cm。殻表は短毛で覆われる。殻口唇縁は厚くなり白色。絶滅危惧Ⅱ類（鹿児島県）。

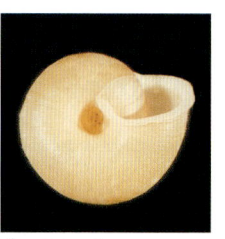

ホシヤマビロウドマイマイ　*Y. hoshiyamai*
●分布：トカラ（悪石島）の固有種　●生息：樹上性　●採集地：トカラ・悪石島（西　邦雄）
＊殻径：2.3cm。殻表の短毛、殻口唇縁の色はクチジロビロウドマイマイと変わらないが、殻がやや大きい。絶滅危惧Ⅱ類（鹿児島県）。

貝の見分け方

形の似た貝（陸の貝）

【オナジマイマイ科】

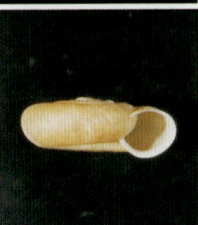

コシキコウベマイマイ
Aegista (Aegista) kobensis koshikijimana
●分布：上甑島, 下甑島, 甑島の固有種 ●生息：落ち葉の中 ●採集地：下甑島・長浜（魚住賢司）
＊殻径：1.7cm。殻は平巻き状。臍孔は非常に広い。絶滅危惧Ⅱ類（鹿児島県）。

オオシマフリイデルマイマイ
A.(A.) friedeliana vestita
●分布：奄美大島の固有種 ●生息：落ち葉の中 ●採集地：奄美大島・秋名（魚住賢司）
＊殻径：1.4cm。殻表には細かい毛が密生している。絶滅危惧Ⅰ類（鹿児島県）。

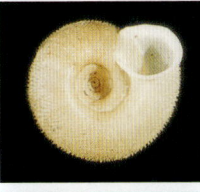

コシキフリイデルマイマイ
A.(A.) f. humerosa
●分布：上・中・下甑島, 甑島の固有種 ●生息：落ち葉の中 ●採集地：下甑島・内川内
＊殻径：1.8cm。鱗片状の殻皮が密生する。絶滅危惧Ⅱ類（鹿児島県）。

マルテンスオオベソマイマイ
A. (A.) squarrosa squarrosa
●分布：奄美大島, 加計呂麻島 ●生息：落ち葉の中 ●採集地：加計呂麻島（西　邦雄）
＊殻径：1.5cm。殻表は短毛で覆われている。絶滅危惧Ⅰ類（鹿児島県）。

トクノシマオオベソマイマイ
A.(A.) s. tokunoshimana
●分布：徳之島の固有種 ●生息：落ち葉の中 ●採集地：徳之島・天城山（魚住賢司）
＊殻径：1.6cm。臍孔がマルテンスオオベソマイマイに比べやや狭い。絶滅危惧Ⅰ類（鹿児島県）。

イトウケマイマイ　*A.(Plectotropis) itoi*
●分布：屋久島の固有種 ●採集地：屋久島 ●生息：落ち葉の中
＊殻径：1.2cm。周縁に殻皮があるが, 老成するとはげ落ちる。準絶滅危惧（鹿児島県）。

オオシマケマイマイ
A.(P.) kiusiuensis oshimana
●分布：奄美大島, 加計呂麻島　●生息：落ち葉の中　●採集地：奄美大島・秋名（魚住賢司）
＊殻径：1cm。体層周縁には規則的に毛が並ぶ。絶滅危惧Ⅱ類（鹿児島県）。

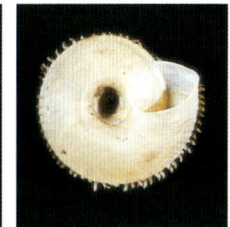

トクノシマケマイマイ　*A.(P.) k. tokunovaga*
●分布：徳之島の固有種　●生息：落ち葉の中　●採集地：徳之島（井之川岳　冨山清升）
＊殻径：2.1cm。周縁に殻皮があるが、老成するとはげ落ちる。絶滅危惧Ⅱ類（鹿児島県）。

ヘソカドケマイマイ
A.(P.) conomphala
●分布：鹿児島市, 指宿市, 種子島, 屋久島, 口永良部島, 黒島, 草垣群島, 口之島, 中之島, 悪石島, 宇治群島（家島・向島）　●生息：落ち葉の中　●採集地：屋久島
＊殻径：1.8cm。周縁に長い殻皮が並ぶ。

オキナワウスカワマイマイ
Acusta despecta despecta
●分布：奄美大島, 徳之島, 沖永良部島, 与論島, 沖縄諸島　●生息：乾燥期には土中で休眠する　●採集地：沖永良部島
＊殻径：2cm。殻表にはななめの強い成長脈がある。畑や庭で野菜を食害する。

ウスカワマイマイ
A. d.sieboldiana
●分布：北海道南部以南〜九州　●生息：野菜の根, 石の下　●採集地：鹿児島市上福元町
＊殻径：2cm。畑や庭で野菜を食害する。

オオスミウスカワマイマイ
A. d. praetenuis
●分布：大隅半島南部（佐多岬）、種子島、屋久島、口永良部島、口之島、中之島、臥蛇島、諏訪之瀬島、悪石島、宝島、甑島　●生息：枯れ草や石の下　●採集地：佐多岬
＊殻径：2.2cm。殻は茶褐色。

【淡水の貝】（汽水域を含む）
【アマオブネ科】

イシマキガイ　*Clithon retropictus*
●分布：房総半島・能登半島以南、種子島、屋久島、上甑島、下甑島、奄美大島　●生息：汽水域　●採集地：川内市高城町・高城川
＊殻高：2.5cm。幼貝の殻表の三角斑は、三角形の底辺が黒く染まる。成貝では殻頂部が溶けてなくなる。

貝の見分け方

形の似た貝（陸の貝）

貝の見分け方

形の似た貝（淡水の貝）

幼貝の殻表・拡大

成貝

石灰質の蓋（左：表、右：裏）

模様の変異

三角斑は大きい

カノコガイ　*C. sowerbianus*
●分布：鹿児島県本土（別府川河口、川内川河口、愛宕川河口）、奄美諸島、沖縄諸島、東南アジア　●生息：汽水域　●採集地：川内川河口
＊殻高：2cm。幼貝の殻表の三角斑は、三角形の頂点が染まる。

レモンカノコ　*C.(P.) souverbiana*
●分布：紀伊半島以南、奄美諸島、沖縄諸島、フィリピン　●生息：干潮時に地下水が流れ出ている所に群生する　●採集地：沖永良部島
＊殻高：0.8cm。殻口は黄色。絶滅危惧Ⅰ類（鹿児島県）。

幼貝の殻表・拡大

ヒメカノコ　*C.(Pictoneritina) oualaniensis*
●分布：紀伊半島以南、鹿児島県本土（別府川河口、川内川河口、愛宕川河口）、屋久島、奄美大島、沖永良部島、沖縄諸島、東南アジア　●生息：汽水域　●採集地：別府川河口
＊殻高：0.9cm。三角斑は大きく、模様は個体変異が著しい。

ハナガスミカノコ　*C.(P.) chlorostoma*
●分布：奄美大島、沖永良部島、沖縄諸島、東南アジア　●生息：干潮時に地下水が流れ出ている所に群生する　●採集地：沖永良部島・伊延
＊殻高：0.8cm。絶滅危惧Ⅰ類（鹿児島県）。

シマカノコ　*Neritina (Vittina) turrita*

●分布：奄美大島，沖縄，台湾，南西太平洋
●生息：ヒルギの幹や礫の表面　●採集地：奄美大島・住用川河口
＊殻高：1.8cm。絶滅危惧Ⅰ類（鹿児島県）。

ドングリカノコ　*N.(Vittoida) plumbea*
●分布：奄美大島，沖縄本島北部，西表島，与那国島　●生息：ヒルギ内の礫の下　●採集地：奄美大島・住用川河口
＊殻高：1.6cm。殻色は黄色みがかった栗色。縞模様のある個体もある。絶滅危惧Ⅰ類（鹿児島県）。

チリメンカワニナ　*S. l. reiniana*
●分布：本州中部以南，川内川中流域　●生息：川の中流　●採集地：大口市・曽木の滝近くの用水路
＊殻高：4cm。縦肋が顕著。

胎児殻にも縦肋がある

【カワニナ科】

カワニナ
Semisulcospira libertina
●分布：北海道～沖縄諸島，台湾，朝鮮　●生息：川の上・中流　●採集地：鹿児島市・木之下川中流　●繁殖：卵胎生
＊殻高：3.2cm。形はビヤだる状に膨らんだ太丸形，やや細長い細長形など変異が大きい。ホタルの幼虫のえさになる。

保育嚢内の胎児
著者の調べでは250個が最多だった

胎児の殻高：0.2cm
縦肋はない

point!　足裏の色と触角がちがう！

カワニナ 　　チリメンカワニナ

足裏の色
　カワニナ→白色
　チリメンカワニナ→うすいオレンジ色
触角
　カワニナ→太く短い
　チリメンカワニナ→細長い

貝の見分け方

形の似た貝（淡水の貝）

形の似た貝（淡水の貝）

【トウガタカワニナ科】

アマミカワニナ
Stenomelania costellaris
●分布：奄美大島, 加計呂麻島, 沖縄諸島, 台湾, フィリピン　●生息：川の下流　●採集地：奄美大島・住用村・川内川
＊殻高：1.2cm。螺層には10本前後の螺状脈がある。絶滅危惧Ⅰ類（鹿児島県）。

タケノコカワニナ
S. c. rufescens
●分布：本州中部以南, 四国, 九州　●生息：下流の汽水域　●採集地：川内市高江町・八間川下流
＊殻高：6.1cm。

【モノアラガイ科】

モノアラガイ　*Radix auricularia japonica*
●分布：北海道〜九州　●生息：田んぼ, 用水路　●採集地：栗野町小屋敷
＊殻高：1.8cm。殻口外唇はそりかえる。触角は短く三角状で, 基部に目がある。ゼラチン質の卵塊を水中植物に産み付ける。

タイワンモノアラガイ
R. a. swinhoei
●分布：口永良部島, トカラ, 奄美諸島, 沖縄諸島, 台湾　●生息：田んぼ, 池　●採集地：沖永良部島
＊殻高：2cm。モノアラガイに比べて細い。

ヒメモノアラガイ
Austropeplea ollula
●分布：北海道以南日本全国　●生息：田んぼ, 側溝　●採集地：栗野町小屋敷　●繁殖：卵生
＊殻高：1.2cm。螺塔が高い。ゼラチン質の卵塊を水中植物に産み付ける。

【タニシ科】

マルタニシ
Cipangopaludina chinensis laeta
●分布：北海道南部〜九州, 上, 下甑島, 奄美諸島, 沖縄諸島, 台湾, 中国, 朝鮮　●生息：田んぼ, 用水路　●採集地：国分市上井　●繁殖：卵胎生
＊殻高：4.5cm。6〜7月, 胎児を産む。食用。

胎児殻
胎児の殻長：0.8cm

ヒメタニシ
Sinotaia quadrata histrica
●分布：北海道以南　●生息：川の下流用水路　●採集地：川内市高江町・山之手川
●繁殖：卵胎生
＊殻高：3.3cm。マルタニシより細めで小さい。

【イシガイ科】

ニセマツカサガイ　*Inversidens yanagawensis*
●分布：岡山県, 鳥取県, 高知県, 福岡県, 鹿児島県　●生息：川の中・下流　●採集地：川内市高江町・牟田川
＊殻長：5.6cm。後縁にくぼみがある。絶滅危惧Ⅱ類(鹿児島県)。

マツカサガイ　*I. Japanensis*
●分布：北海道から九州までの日本各地　●生息：湖や川の中流　●採集地：琵琶湖
＊殻長：5cm。後縁がくぼまない。内面は真珠光沢が強い。

Topic! 魚が卵を産み付ける？

コイ科のアブラボテやバラタナゴなどは, 長い産卵管を伸ばしてマツカサガイやニセマツカサガイの入水管に産卵する。

【シジミ科】

マシジミ　*Corbicula (Corbicula) leana*
●分布：青森から九州までの各地　●生息：川の中流域　●採集地：菱刈町・瓜之峰の用水路
●繁殖：卵胎生
＊殻長：4cm。内面は濃紫色。5月から8月にかけて稚貝を産む。食用。

幼貝の殻表には焦げたような黒色斑がある

ヤマトシジミ　*C.(C.) japonica*
●分布：北海道から九州までの日本各地　●生息：河口汽水域　●採集地：姶良町・別府川下流。
＊殻長：4cm。殻表には光沢がある。店頭に出ているシジミのほとんどはヤマトシジミである。食用。

【マメシジミ科】

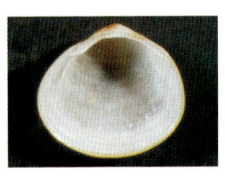

ハベマメシジミ
Pisidium habei Kuroda (MS)
●分布：屋久島(花之江河, 小花之江河), 屋久島の固有種　●生息：湿地の落ち葉の中　●採集地：屋久島・花之江河　●繁殖：卵胎生
＊殻長：0.4cm。絶滅危惧Ⅰ類(鹿児島県)。

貝の見分け方

形の似た貝(淡水の貝)

4. 寄生貝・サンゴ食の貝

　貝の中には，他の動物に寄生して何らかの方法で食を得ているものがいる。ヒトデ，ナマコ，ホヤなどを見つけたら，体の表面を注意して探してみよう。

　また，サンゴはサンゴ虫というポリプが集まって群体を作っている。そのサンゴ虫を食べる貝もいる。海に出たら，枝サンゴなどを注意して見てみよう。

①寄生貝
ヒトデに寄生するヤドリニナ

ヤツデヒトデに寄生したヤツデヒトデヤドリニナ

　大変古い話だが，桜島（袴腰・水深1m）で潜って貝を採ったことがある。その時，ヤツデヒトデという棘皮動物をひっくり返したら殻長1cmほどの貝が口の付近についていた。図鑑で調べたらヤツデヒトデヤドリニナ（別名ダルマクリムシ）と分かった。

ヒトデに寄生したメオトヤドリニナ

同拡大

魚に寄生するカサゴナカセ

カサゴナカセ

ユメカサゴ

　この貝は牛深の漁師が，甑島沖（水深300m）に仕掛けた延縄で釣り上げたユメカサゴ（鹿児島地方名：ノドグロ）の胸びれについているのを見つけたのが最初で，*Tateshia yadai Kosuge*，1986の学名がある。属名 *Tateshia* は牛深の貝類収集家立石徹郎氏，種名 *yadai* は牛深の漁師矢田正海氏に献名されたもの。

　1991年（平成3年）11月，屋久島で釣り上げられたユメカサゴからもカサゴナカセが採れた。

アナジャコに寄生するマゴコロガイ

アナジャコに寄生するマゴコロガイ（下：脚のつけ根の部分）

　写真は長崎県南高来郡国見町に住む木村キワさん採集によるもの。

　殻高2cm，アナジャコの胸の下に殻頂を前にして寄生している。日本特産。分布：瀬戸内海，玄海灘沿岸，有明海。

カラスボヤに寄生するタマエガイ

カラスボヤ
(鹿児島市・和田港)

タマエガイ

　カラスボヤは原索動物で、鹿児島湾の浅い所にいくらでもいる。タマエガイは二枚貝でカラスボヤの体内に寄生している。1個のカラスボヤの体内から18個のタマエガイを採取した例もある。

海トサカ類(腔腸動物)に寄生するテンロクケボリ

テンロクケボリ　　　ホソテンロクケボリ

　袴腰(桜島)大正溶岩地先の潮下帯には、海トサカの群落が見られる。テンロクケボリやホソテンロクケボリがチヂミトサカに外部寄生している。

②サンゴを食べる貝
サンゴを食べるヒメシロレイシダマシ

　サンゴを食害するオニヒトデの事はマスコミの報道でよく知られているが、巻貝の中にもサンゴの天敵がいる。これまで大分県、三宅島、与論島、フィリピン(マクタン島)からの報告があるが、大分県の例を見てみよう。

大分県蒲江町の「サンゴ食巻貝駆除事業」
(大分県マリンカルチャーセンター学芸指導員、浜田 保氏報告)

1. 食害区域：屋形島・深島周辺
2. 食害を受けたサンゴ類
　　ミドリイシ類、キクメイシ類、ハマサンゴ類
3. 駆除事業
　　平成3年11月〜平成14年2月、ダイバーによる潜水採取。
4. サンゴ食巻貝(1カ月の駆除割合：%)
　　1カ月間にダイバーが採取した貝は11種、総個体数は11,353個、中でもヒメシロレイシダマシは全体の88.9%を占めている。
 - ヒメシロレイシダマシ(88.9)
 - ヒラセトヨツ(3.9)
 - トゲレイシダマシ(2.6)
 - シロレイシダマシ(1.5)
 - クチムラサキサンゴヤドリ(1.5)
 - スジサンゴヤドリ(0.7)
 - カブトサンゴヤドリ(0.7)
 - オオムラサンゴヤドリ(0.08)
 - カゴメサンゴヤドリ(0.08)
 - トヨツガイ(0.04)
 - クチベニサンゴヤドリ(0.02)

　ヒメシロレイシダマシ以外は採取数が極めて少ないので、どれほどの実害があったか疑われるところだが、与論島ではヒメシロレイシダマシとクチベニレイシダマイが、マクタン島ではクチベニレイシダマシが単独でサンゴを食い荒らしたとの報告がある。

5. 絶え間ない駆除が望まれる
　深島で発見された直径30cmの枯れたサンゴには、ヒメシロレイシダマシが61個体生息してサンゴ全体に卵嚢が産み付けられていた。卵嚢は約3000個、1個の卵嚢に約400個の卵が入っており、平均1カ月で幼生となって海中に出て行く。ざっと計算しても120万個が周辺海域に飛び散る。これは大変な数である。このように繁殖力がすごいので、絶え間ない駆除が望まれる。

貝の見分け方

5. 珍しい貝

①二枚の殻をもつ巻貝
ユリヤガイ

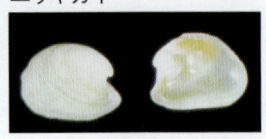

ユリヤガイ（殻長0.6cm）

　二枚の殻をもつ巻貝として有名なのがユリヤガイである。『日本近海産貝類図鑑』にユリヤガイの仲間ゼブラユリヤガイの生態写真が載っているが、カタツムリのような触角をもっている。模式産地は和歌山県名田、1951年（昭和26年）に Julia japonica Kuroda & Habe, 1951として記載された。記載当時の記録では「採集せられた標本は左殻片2片にして、外観あたかもミドリガイまたはニシキノツバサ属の殻の感を与う」とある。分類上は二枚貝としてコフジガイ科の隣に置かれていた。鹿児島県内の砂浜ではユリヤガイのほか、ゼブラユリヤガイ、ミシマユリヤガイも見つかっている。

タマノミドリ

フサイワヅタ 　　フサイワヅタに着生したタマノミドリ
　　　　　　　　（殻長0.5cm）

同拡大

　1993年（平成5年）5月5日、花瀬海岸（揖宿郡開聞町）で潮干狩りをした際、タマノミドリという二枚の殻をもつ巻貝を見つけた。海岸は縄状溶岩が東西にのび、干潮になると潮だまりができる。フサイワヅタという緑色の海藻が海面に出ていたので、何気なく手でなでたところ小さなものが指に触れた。海藻ごとバケツに入れて持ち帰った。海水の入った容器に入れてしばらくすると、体を出して這い始めた。驚いてルーペで覗くと、二枚の殻の間からカタツムリのような体を出して這っていた。殻も体（軟体）も緑色でフサイワヅタ上にいる時は外部から感づかれることはない。

　タマノミドリは岡山県玉野で1959年（昭和34年）夏、岡山大学の川口四郎博士によって発見されたものである。頭、触角、目、足（腹足）をもち、まさしく巻貝そのものである。これは世紀の一大発見だった。この貝は岡山県玉野が初発見地だったので、地名をとってタマノミドリと名付けられた。この事実が発表されたことにより、二枚貝とされていたユリヤガイも巻貝であろうとの推測がなされた。その翌年1962年（昭和37年）5月、再び川口博士が山口県萩市見島でユリヤガイの生貝を発見、調べたところこれも二枚の殻をもった巻貝であることが実証された。

②雌だけが殻をもつ貝
カイダコ

アオイガイ 　　　　　　　　カイダコ

　頭足類の中には雌だけが殻をもち、雄は殻をもたない珍しい貝がいる。殻は産卵・保育のために重要な部分である。殻の中にいるタコをカイダコ、殻をアオイガイと呼ぶ。殻をもったふつうの貝は外套膜から殻の成分を分泌して殻を作るが、カイダコは第一腕から分泌して体の成長に合わせて殻を大きくしている。殻はプラスチックのように薄く、壊れやすい。雄は雌の二十分の一くらいの大きさで裸のまま海中を泳いでいる。

　この貝は、もともと温帯の海面近くで浮遊生活をしている。それが黒潮に乗って日本海に入り、冬の季節風で水温が下がると死んで海岸に打ち上げられる。それを待ちかまえていたカラスや海鳥たちが群がってくる。佐渡島、男鹿半島、博多湾の海岸には毎年黒潮の贈り物としてアオイガイが打ち上げられている。

コラム

地域独特の食用貝

　鹿児島県の沖永良部島では戦中・戦後の食糧事情が悪い頃、食事のおかずを得るために潮干狩りが盛んに行われていた。サンゴ礁の瀬にリュウキュウヒバリが群生しており、確実に大量に採れた。潮だまりではムカシタモト、シオボラ、ツノレイシ、ツノテツレイシ、ミツカドボラ、ミドリアオリ、ハナビラダカラ、キイロダカラ、ハナマルユキ、マダライモ、サヤガタイモ、コオニノツノ、コオニコブシなど、浜に近い岩場ではコウダカカラマツ、フトスジアマガイ、キバアマガイ、アマオブネ、ニシキアマオブネなど、見つかり次第何でも採ったものである。

　このほか、一風変わった食べられる貝を紹介しよう。

ヒザラガイ類

ヒザラガイ　　　ニシキヒザラガイ

　食用として採るのはヒザラガイとニシキヒザラガイである。ヒザラガイは潮間帯の干上がった所、ニシキヒザラガイはリーフの縁（干潮時波が砕ける所）の付近にいる。

　煮た後、ヒザラガイは、まず背中にある8枚の殻を取り内臓をえぐり出す。周辺（肉帯部）の皮を剥ぐと密生している棘もきれいに取れる。ニシキヒザラガイは周辺に棘がないので手間が省ける。薄く切って酢味噌で食べる。

アメフラシなど

ジャノメアメフラシ

　アメフラシは潮だまりの中にいて、さわると紫色の粘液を出す。背中に指を入れてプラスチックのような殻や内臓をすべて取り出して海水でよく洗う。食べ方はヒザラガイ類と同じ。

タツナミガイ

　タツナミガイもアメフラシ同様、さわると紫色の粘液を出すが、肉は硬い。岩の上にいるものと砂の上にいるものは肉に違いがある。砂の上の方は肉の中に砂があって食べられない。岩の上の方は砂がなく、煮て味噌漬けにして食べると独特の風味があって美味である。

イソアワモチ

　梅雨時、潮間帯の干上がった所にイソアワモチの子どもが群生する。梅雨の晴れ間を見て潮干狩りに出かける。イソアワモチを素手で掴むとナメクジのようにねばねばくっつく。持参した灰を手にかけ、指で押しつぶし内臓を出したら、岩の上でごしごし洗ってぬめりを取る。食べ方は醤油で炒めて佃煮風にして食べる

6. 各地の貝

　九州各地の海で，潮干狩りや採集で有名な場所として福間海岸（福岡県），牛深沖（熊本県），蒲江（大分県），八代海（熊本・鹿児島県），吹上浜（鹿児島県），袴腰（鹿児島県・桜島），志布志湾（鹿児島県），奄美大島（鹿児島県）の8カ所を選び，代表的な貝を紹介する。

福間海岸（福岡県）

　『福間町の貝類』（魚住賢司，1998）には海・陸・淡水産を含め，132科504種が収録されている。

　福間海岸は南は古賀市まで約1.3km，北は津屋崎町まで約1km，総延長約2.3kmの，玄界灘に面した開放海岸で，岩礁地帯はない。海岸から沖合へ向かっては遠浅で細砂底が広がり，海岸から800m沖で水深10m，さらにそれから700m沖で水深13mとなっている。打ち上げられる貝はベニガイ，サクラガイなどの二枚貝が多い。

カニモリガイ
殻高：4cm

コナガニシ
殻高：8cm

シドロ
殻高：7cm

ユウシオガイ
殻高：1.8cm

イヨスダレ
殻長：4.8cm

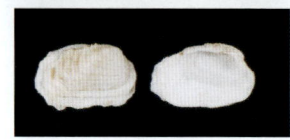

ハネマツカゼ
殻長：1.8cm

マツカゼガイ　殻長：2.5cm

サツマアカガイ
殻長：9cm

アツシラオガイ
殻長：4cm

マルヒナガイ　殻長：6cm

マツヤマワスレ　殻長：7.5cm

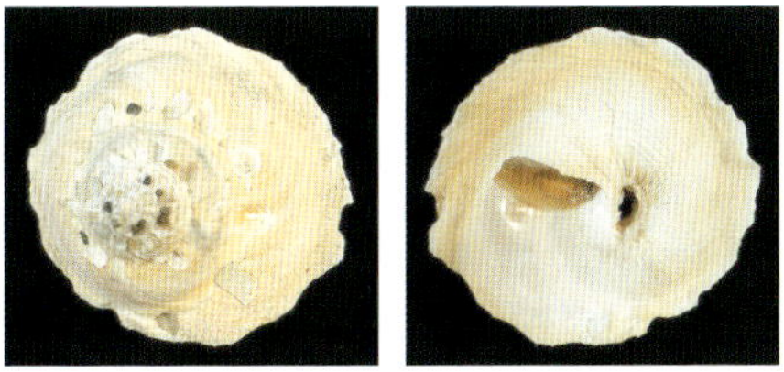

ダイオウキヌガサ　殻幅：13cm

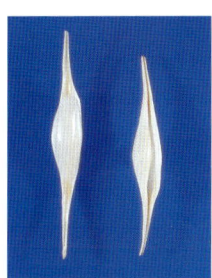

牛深沖（熊本県）

　『牛深産貝類目録』（矢田正海・潮崎正浩）が2002年12月発刊された。この目録の多くは、故立志徹郎氏の50数年間にわたる収集品がベースになっている。収録総数は187科1213種、海産のほか陸産・淡水産も含まれている。ここで特筆すべきは、須口港に水揚げされるヒラメ網・底引き網（水深40～200m）の貝である。

ツリフネキヌヅツミ
殻高：6cm

イガギンエビス
殻高：3.2cm

ヘソアキトゲエビス
殻高：2cm

ヒメハラダカラ　殻高：4.5cm

サザエ
殻高：12cm

マツカワガイ
殻高：7cm

クビレマツカワ
殻高：6cm

ニセイボボラ
殻高：5cm

リンボウガイ
殻幅：6cm

貝の見分け方

貝の見分け方

ボウシュウボラ
殻高：20cm

ホネガイ　殻高：13cm

コアッキガイ　殻高：10cm

タカノハヨウラク
殻高：5cm

イセヨウラク
殻高：5cm

ミズスイ
殻高：8cm

カセンガイ
殻高：6cm

イトグルマ
殻高：6cm

ミガキトクサバイ
殻高：2cm

ナガサキニシキニナ
殻高：5cm

カネコヒタチオビ
殻高：13cm

イトマキヒタチオビ
殻高：13cm

コエボシ
殻高：3cm

アコメガイ
殻高：10cm

イナズマアコメ
殻高：6cm

チマキボラ　殻高：10cm 　　ホンカリガネ　殻高：9cm

オニサザエ　殻高：10cm

八代海（熊本・鹿児島県）

ケタ打たせ漁

　八代海（不知火海）の冬の風物詩・ケタ打たせ漁が、11月から3月中旬までの漁期で行われている。ケタ打たせ漁とは、広げた帆に風を受けて船を横向きに流しながら、クマエビを採る独特の漁法で、熊手のような鉄の爪が付いたケタを沈めて曳いていく。そのとき、砂地にいるエビをかき出して網へ追い込むのである。この副産物として多くの貝が採れている。

バイ　殻高：7cm

ナガニシ　殻高：11cm　　ハシナガニシ　殻高：20cm

ゴマフダマ　殻高：3cm　　ツメタガイ　殻高：5cm

イトマキナガニシ　殻高：16cm　　アライトマキナガニシ　殻高：20cm

カコボラ　殻高：12cm

アラレガイ　殻高：2.5cm

貝の見分け方

トリガイ　殻長：9cm

ヒメツメタ
殻高：4cm

ククリボラ
殻高：4cm

蒲江（大分県）

　『大分県海産貝類仮目録』九州貝類談話会大分県会員，1978)は全県下に産する海産の貝1584種が収録されている。蒲江沖，深島，屋形島産の貝が目立つ。

　『大分県陸産貝類誌』（神田正人，1992）には140種収録されている。

イセカセン
殻高：4cm

オオツキガイモドキ
殻長：6cm

ビノスモドキ　殻長：10cm

ミミズガイ
殻高：7cm

マガキガイ
殻高：6cm

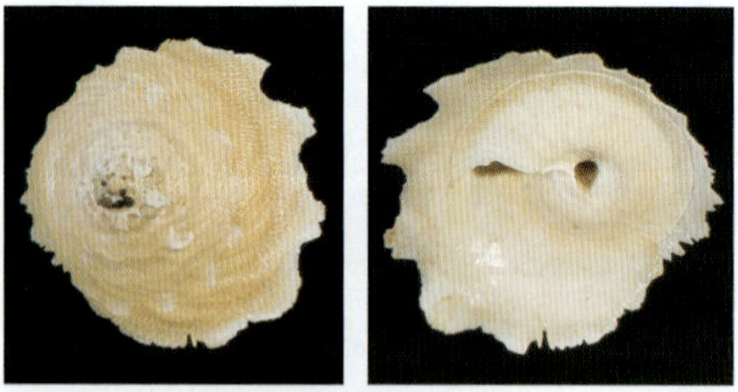

キヌガサガイ　殻幅：10cm

ホンクマサカ
殻幅：4cm

袴腰（はかまごし）（鹿児島県・桜島）

　『鹿児島湾産貝類仮目録』（坂下泰典，1982）には鹿児島湾沿岸のほか，山川沖（湾入り口），新島（燃島）の貝1539種が収録されている。

　鹿児島市近郊の好採集地に袴腰海岸がある。桜島の大噴火によって流れ出た溶岩の転石地帯である。石の上にはイシダタミ，シマレイシダマシ，レイダマシモドキ，クリフレイシなど，石をおこすとエガイ，トマヤガイ，ウスヒザラガイ，ケムシヒザラガイ，スガイ，コシダカサザエなどが採れる。

クマノコガイ
殻高：2.8cm

ナツモモ
殻高：1.2cm

オオヘビガイ
殻径：5cm

ヘソアキクボガイ
殻高：2cm

メダカラ
殻高：2cm

クボガイ
殻高：2.7cm

オミナエシダカラ　殻高：4cm

ヒメクボガイ
殻高：2.2cm

コシダカガンガラ
殻高：2.8cm

ハツユキダカラ
殻高：4.5cm

ギンタカハマ
殻高：8cm

ゴマフヌカボラ
殻高：2cm

ヒメヨウラク
殻高：3cm

アマオブネ
殻高：2cm

貝の見分け方

貝の見分け方

クリフレイシ
殻高：4cm

イボニシ　殻高：4cm

ゴマフホラダマシ
殻高：3cm

カスミフデ
殻高：3cm

クロスジグルマ　殻幅：5cm

タイワンナツメ
殻高：4cm

志布志湾（鹿児島県）

『曽於貝類写真図鑑』（曽於郡理科研究協議会、1962）には500余種（海産のみ）が収録されている。西は内之浦町から東は宮崎県串間市に連なる広い海域である。港の拡張、石油基地のための埋め立てなどで、かつての砂浜の面影はないが、ダンベイキサゴ、オオモモノハハ、シマアラレミクリなど健在である。

ダンベイキサゴ　殻幅：4cm

バテイラ　殻高：4.5cm

エビスガイ
殻高：2.2cm

オオコシダカガンガラ
殻高：4cm

レイシガイ　殻高：6cm

シマミクリ　殻高：4cm	 シマアラレミクリ　殻高：4cm
 テンスジノシガイ　殻高：1cm	 トビイロフデ　殻高：3cm
 ハルシャガイ　殻高：5cm	 ロウソクガイ　殻高：7.5cm

サトウガイ　殻長：8.3cm

ミドリイガイ　殻長：3cm

キヌザル　殻長：4.5cm

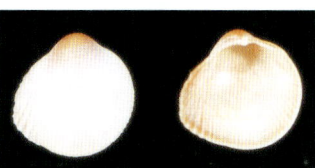

チゴトリガイ　殻長：2cm

サメハダヒノデガイ　殻長：4.5cm

オオモモノハナ　殻長：3cm

オチバガイ　殻長：4cm

セミアサリ　殻長：3cm

貝の見分け方

吹上浜（鹿児島県）

　大浦町から東市来町までの長い海岸線で、夏は潮干狩りで賑わう。オキアサリ、ナミノコガイ、マクラガイなどのほか、冬のしけた時にはトカシオリイレ、クイチガイサルボウなども打ち上げられる。

トカシオリイレ
殻高：6cm

マクラガイ
殻高：4cm

クイチガイサルボウ
殻長：7.5cm

サルボウ　殻長：5.6cm

アカガイ
殻長：12cm

イワガキ　殻長：12cm

ツキヒガイ　殻高：12cm

フジノハナガイ
殻長：1.5cm

ナミノコガイ
殻長：2.5cm

奄美諸島（鹿児島県）

　奄美の島々はサンゴ礁のリーフに囲まれ、潮だまりには黒潮系の貝がすんでいる。また、奄美大島の住用川河口にはマングローブが発達し、ヤエヤマヒルギシジミの北限地である。

オオベッコウガサ
殻長：7cm

チョウセンサザエ
殻高：8cm

サソリガイ　殻高：15cm

フシデサソリ　殻高：15cm

ミミガイ
殻長：12cm

キバアマガイ
殻高：1.5cm

クモガイ　殻高：17cm

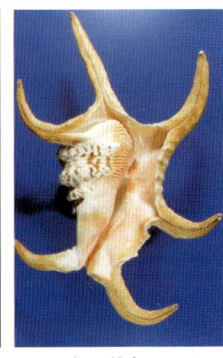

スイジガイ　殻高：24cm

ニシキアマオブネ
殻高：2cm

コシダカアマガイ
殻高：2cm

ウラスジマイノソデ
殻高：8cm

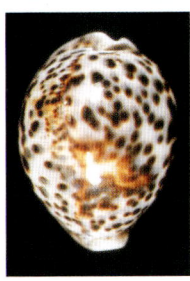

フトスジアマガイ
殻高：2.5cm

ホシダカラ　殻高：11cm

タルダカラ　殻高：9cm

貝の見分け方

貝の見分け方

ハラダカラ　殻高：9cm	ムラクモダカラ　殻高：11.5cm
 ヒメヤクシマダカラ　殻高：4cm	
 コオニコブシ　殻高：5cm	 オキニシ　殻高：7cm
 ミツカドボラ　殻高：7cm	 シオボラ　殻高：5cm
 シマイボボラ　殻高：5cm	
 シラクモガイ　殻高：7cm	 ツノレイシ　殻高：5cm
 キマダライガレイシ　殻高：3cm	 クチベニレイシダマシ　殻高：2.5cm
 スジグロホラダマシ　殻高：3cm	 ノシガイ　殻高：1cm
 ニシキノキバフデ　殻高：5cm	 クチベニアラフデ　殻高：2cm

103

ホソミヨリオトメフデ
殻高：1.5cm

サンゴオトメフデ
殻高：2.5cm

イワカワハゴロモ　殻高：12cm

エビチャオトメフデ
殻高：2.5cm

ハナオトメフデ
殻高：1.5cm

リュウキュウアオイ
殻高：3cm

ニシキミナシ
殻高：9cm

コモンイモ
殻高：6cm

リュウキュウザル　殻高：5cm

カワラガイ　殻高：5.5cm

ベニシボリ
殻高：6cm

シラナミ　殻長：17cm

貝の見分け方

リュウキュウバカガイ　殻高：6.5cm

リュウキュウナミノコ　殻長：2cm

リュウキュウサラガイ　殻長：7cm

リュウキュウマスオ　殻長：6.7cm

アラヌノメ
殻長：6cm

7. 要注意！「毒をもつ貝」

猛毒を持つアンボイナ

イモガイの仲間にアンボイナという猛毒をもつ貝がいる。この貝は殻高8〜13cm，夜行性で，体内に持っている毒で魚を刺し麻痺させた後飲み込む（魚食性）。昼間は石の下に隠れていて人目につかない。

ところが，1996年（平成8年）7月，沖縄県衛生研究所から出た「琉球列島におけるイモガイ刺症」と題した報告書によると，沖縄で刺症事例は17例，その内5例は死亡している。私の取材では鹿児島県内で死亡3例，重症2例となっている。

アンボイナ　　　　　毒器官

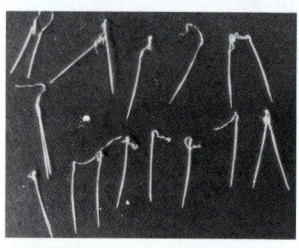

歯舌（長さ：1.1cm，幅0.2mm）

歯舌先端部拡大

毒器官の説明

毒球：バナナ形で毒器官の中で最も大きい。毒腺で作られた毒を押し出すポンプのはたらきをする。

毒腺：毒をつくるところ。くねくね伸びた管で毒球と咽頭につながっている。

歯舌鞘（歯舌嚢）：長腕と短腕があり，歯舌は長腕で作られ，成熟歯は短腕で咽頭方向を向

いて出番を待っている。
歯舌：餌となる小魚に毒を注入する注射針の働きをする。

次に死亡事例と重症事例を紹介しよう。

死亡事例
①奄美大島・龍郷町
1896年（明治29年）、いざりでアンボイナを採り、それを入れたテル（竹製のかご）を縁側に置いてあった。2歳になる子どもがアンボイナをいじっていたらそれに左手首を刺され泣きわめいたので、祖母がおぶってあやしていたが、そのうち刺された所が紫色になって腫れ上がり、手当てをする間もなく死亡した。

②与論島
1941年（昭和16年）7月6日、12歳の女の子が父と共に那間海岸に行き、父が採ったアンボイナをいじっていて右手を刺された。痛くて海岸におれず1人で帰宅したが途中で死亡した。

③屋久島
1938年（昭和13年）6月30日、5年生のI君は友達と近くの海岸に遊びに行った。祖父が潮だまりで見つけたアンボイナを手に持ってつついたりして遊んでいた。突然、貝の口先からひも状のもの（吻）が伸びてきて、人差し指の第二関節部にガラスのような針（歯舌）が刺さった。友達がそのガラスのような針（歯舌）を引き抜こうと試みたが折れて先端部分は抜けなかった。I君が激痛・歩行困難などの症状を訴えたので、友達はI君と肩を組んでようやくの思いで家まで連れ帰った。畑仕事に出ていた母親は緊急事態の知らせを聞いて飛んで帰宅したが、寝床を敷いて熱を冷やすことだけだったという。そうこうしている間に症状はますます悪化していき、5時ごろには遂に息をひきとったとのことである。

重症事例
①屋久島
被害に遭ったのは宮之浦で立て網漁を営んでいるO氏（当時67歳）である。1990年（平成2年）5月11日、網にかかったアンボイナをズボンの右ポケットに入れて網から魚をはがす作業をしていたところ、右ポケットの下が急にかゆみ出した。午前7時半頃のことである。9時頃まで作業をしてバイクで帰宅した。その頃になると喉が渇き下唇がしびれ、ろれつが回らない等の症状が出ていた。奥さんは急いでお湯に砂糖をとかし湯飲みで2杯あたえた。ご飯を口に入れても顎の筋肉が麻痺していて噛めない状態であった。容態の異常さに驚いて近所のW医院で診察を受けたところ、血圧が60～90mmHg（平常値70～120）と大きく下降していた。医師はブドウ糖やビタノリンの入った点滴をして処置を終わったようである。

O氏は帰宅後、寝床に入りしばらく寝た。午後2時頃、目が覚めた時は手足が思うように動かず、お菓子も手に取ることができない状態であった。心配で駆けつけた娘が、かゆみを訴えている患部に魚の小骨のようなものが刺さっているのを見つけ、それを引き抜いた。症状の原因は貝の毒と分かり、W医院に電話をしたり大騒動となったが、その後、容態は徐々に快方に向かった。症状が完全に回復するまで1週間、病院で点滴の治療を受けた。

娘が患部から引き抜いた小骨はアンボイナが魚に毒を打ち込むための歯舌で、証拠の品としてケースに保管してあった。それを顕微鏡で調べたがもどし（逆鉤）のある先端部分はなかった。

O氏を刺した貝の行方を聞いてみると、貝の名前を調べるため上屋久町役場に冷凍保存してある事が分かり、早速、借り受けて解剖した。貝は冷凍保存してあったが役場につく前に1日外に置いてあったらしく、少し悪臭があった。ピンセットを足部に刺し込むと容易に内臓を取り出すことができた。吻の先端には、次に毒を打ち込む態勢として歯舌が付いていた。歯舌の大きさは長さ1.1cm、幅0.2mmで、魚の小骨の感じである。

このような刺症事例を取材して思うことは、アンボイナを見つけたら絶対素手で掴まないこと。運悪く刺されたときは、心臓に近い所を紐で縛り患部から血を吸い出し、一刻も早く医師の手当てを受けるよう専門家は警告している。

コラム

貝の食中毒

　文献には，普段食用としているアサリ，カキ，サザエ，バイ，チョウセンサザエ，ヤコウガイ，トコブシ，ヒメエゾボラ，エゾボラモドキ，エゾアワビなどによる食中毒の記録がある。赤潮が発生したときに貝が有毒プランクトンを食べたり，また，サンゴ礁にすむある種の巻貝が有毒海藻を食べ，毒成分が内臓（俗に肝臓といわれる中腸腺，唾液腺，鰓）に貯えられることなどが原因と考えられる。

　食中毒をおこした人は内臓を取らずに食べている。筋肉や外套膜には毒が検出されていないので，貝を食べるときは内臓を取り除くなど注意した方がよい。

Ⅲ 貝 の 図 鑑

この章では，Ⅰ，Ⅱで紹介した貝も含めて全1049種を掲載しました。
青字のものはⅡ-3.形の似た貝を，【Ⅰ】【Ⅱ】とあるのは，その章の生態写真を参照してください。

海の貝

ウスヒザラガイ 　ヤスリヒザラガイ 　ニシキヒザラガイ

ケハダヒザラガイ 　ツタノハ 　オオツタノハ 　クルマガサ

リュウキュウアオガイ 　ヒメコザラ（ヒメコザラ型） 　シボリガイモドキ

■多板類（ヒザラガイ類）
【ウスヒザラガイ科】
ウスヒザラガイ　*Ischnochiton comptus*　北海道西部以南。体長3cm。
ヤスリヒザラガイ　*Lepidozona coreanica*　北海道西部以南。体長4cm。
【クサズリガイ科】（ヒザラガイ科）
リュウキュウヒザラガイ　*Acanthopleura loochooana*　房総半島以南。体長3cm。
オニヒザラガイ　*A. gemmata*　奄美諸島以南。体長6cm。
ヒザラガイ　*A. japonica*　北海道南部以南。体長7cm。
ニシキヒザラガイ　*Onithochiton hirasei*　房総半島以南。体長5cm。
【ケハダヒザラガイ科】
ケハダヒザラガイ　*Acanthochitona defilippii*　房総半島以南。体長6cm。
■腹足類（巻貝類）
【ツタノハ科】
ツタノハ　*Scutellastra flexuosa*　男鹿半島・房総半島以南。殻長4~6cm。
オオツタノハ　*S. optima*　大隅諸島~トカラ。殻長8cm。
【ヨメガカサ科】
ヨメガカサ　*Cellana toreuma*　北海道南部以南。殻長4~6cm。
マツバガイ　*C. nigrolineata*　男鹿半島・房総半島以南。殻長6~8cm。
オオベッコウガサ　*C. testudinaria*　宝島以南。殻長6~9cm。
ベッコウガサ　*C. grata*　北海道南部以南。殻長3.5~6cm。
クルマガサ　*C. radiata*　奄美諸島以南。殻長3cm。
【ユキノカサ科】
ウノアシ（リュウキュウウノアシ型）　*Patelloida saccharina*　奄美諸島以南。殻長3.5cm。
ウノアシ（ウノアシ型）　*P. s. form lanx*　男鹿半島・房総半島以南。殻長4.5cm。
リュウキュウアオガイ　*P. striata*　奄美諸島以南。殻長3cm。
ヒメコザラ（ヒメコザラ型）　*P. pygmaea form heroldi*　北海道南部から日本全国。殻長1.5cm。
シボリガイモドキ　*P. signatoides*　男鹿半島・房総半島以南。殻長1.3cm。
※青字のものはⅡ-3.形の似た貝を、【Ⅰ】【Ⅱ】とあるのは、その章の生態の写真を参照してください。

タイワンシボリ　カモガイ 　ホソスジアオガイ

テラマチオキナエビス 　ミミガイ 　マアナゴ

チリメンアナゴ 　コビトアワビ 　クロアワビ

貝の図鑑

海の貝

タイワンシボリ　*P. lentiginosa*　屋久島以南。殻長1.8cm。
カモガイ　*Lottia dorsuosa*　北海道北部～九州南部。殻長2～4cm。
コガモガイ　*L. kogamogai*　北海道以南。殻長1～2cm。
コガモガサ　*L. luchuana*　奄美諸島以南。殻長1～1.7cm。
アオガイ　*Nipponacmea schrenckii*　北海道以南。殻長3cm。
コウダカアオガイ　*N. concinna*　北海道南部以南。殻長3cm。
クサイロアオガイ　*N. fuscoviridis*　北海道南部以南。殻長2～3.5cm。
ホソスジアオガイ　*N. teramachii*　房総半島以南。殻長3cm。
【オキナエビス科】
テラマチオキナエビス　*Perotrochus africanus teramachii*　志摩半島以南。殻高8cm。
【ミミガイ科】
ミミガイ　*Haliotis asinina*　四国（高知県）以南。殻長12cm。
マアナゴ　*H. (Ovinotis) ovina*　紀伊半島以南。殻長7cm。
イボアナゴ　*H. (Sanhaliotis) varia*　伊豆大島・紀伊半島以南。殻長8cm。
イボアナゴ（ヒラアナゴ型）　*H. (S.) stomatiaeformis*　紀伊半島以南。殻長3.5cm。
チリメンアナゴ　*H. (S.) crebrisculpta*　小笠原・屋久島。殻長2cm。
コビトアワビ　*H. (S.) jacnensis*　四国（高知県）以南。殻長1.5cm。
フクトコブシ　*H. (Sulculus) diversicolor diversicolor*　九州南部以南。殻長9cm。
トコブシ　*H. (S.) d. aquatilis*　北海道南部以南。殻長7cm。
クロアワビ　*H. (Nordotis) discus discus*　青森県以南。殻長8cm。
【スカシガイ科】
コバンスソキレ　*Emarginella eximia*　奄美諸島以南。殻長1cm。
ナガコバンスソキレ　*E. sakuraii*　奄美諸島以南。殻長1cm。
ヒノデサルアワビ　*Tugalina (Tugalina) radiata*　四国南西部以南。殻長1.5cm。
オネダカサルアワビ　*T. (T.) plana*　紀伊半島以南。殻長2.2cm。
※黒字のものは左右どちらかのページに写真があります。

貝の図鑑 / 海の貝

スソカケガイ／オトメガサ／クマノコガイ／コシダカガンガラ
バテイラ／オオコシダカガンガラ／ヒメクボガイ／チゴアシヤ 
サンショウガイモドキ／イガギンエビス／ウズイチモンジ／ギンタカハマ 

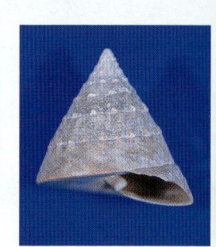

チドリガサ　*Montfortista oldhamiana*　山口県北部・相模湾以南。殻長1.2cm。
ミカエリチドリガサ　*M. kirana*　紀伊半島以南。殻長0.6cm。
スソカケガイ　*Montfortula picta*　山口県北部・房総半島以南。殻長1.1cm。
テンガイ　*Diodora quadriradiatus*　能登半島・房総半島以南。殻長1.6cm。
アサテンガイ　*D. mus*　房総半島以南。殻長1.3cm。
スカシガイ　*Macroschisma sinense*　男鹿半島・岩手県以南。殻長1.9cm。
ヒラスカシ　*M. dilatatum*　男鹿半島・岩手県以南。殻長1.5cm。
オトメガサ　*Scutus (Aviscutum) sinensis*　北海道北部〜九州南部。殻長3.8cm。

【ニシキウズ科】
クボガイ　*Chlorostoma lischkei*　北海道南部以南。殻高2.7cm。
ヘソアキクボガイ　*C. turbinatum*　北海道南部以南。殻高2.1cm。
クマノコガイ　*C. xanthostigma*　能登半島・福島県以南。殻高2.8cm。
コシダカガンガラ　*Omphalius rusticus*　北海道以南。殻高2.8cm。
バテイラ　*O. pfeifferi pfeifferi*　青森県以南。殻高4.5cm。
オオコシダカガンガラ　*O. p. carpenteri*　北海道南部以南。殻高4cm。
ヒメクボガイ　*O. nigerrimus*　山形県・房総半島以南。殻高2.2cm。
アシヤガイ　*Granata lyrata*　男鹿半島・岩手県以南。殻幅1.8cm。
オオアシヤガイ　*G. sulcifera*　奄美諸島以南。殻幅2cm。
チゴアシヤ　*Synaptocochlea pulchella*　紀伊半島以南。殻幅0.3cm。
ヘソアキアシヤエビス　*Hybochelus cancellatus orientalis*　紀伊半島以南。殻幅1cm。
サンショウガイモドキ　*Euchelus lischkei*　能登半島・房総半島以南。殻高1cm。
カゴサンショウガイモドキ　*Herpetopoma instricta*　紀伊半島以南。殻高1cm。
イガギンエビス　*Ginebis crumpii*　男鹿半島・東北地方以南。殻高3.2cm。
ニシキウズ（ニシキウズ型）　*Trochus maculatus*　紀伊半島以南。殻高5cm。
ニシキウズ（アナアキウズ型）　*T. m. form verrucosus*　紀伊半島以南。殻高4cm。

| | | ベニシリダカ | | ナツモモ | | ウスイロナツモモ | |

(写真上段：ベニシリダカ、サラサバテイ、ナツモモ、ウスイロナツモモ)

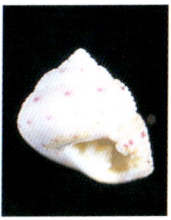

(写真中段：ベニフナツモモ、イシダタミ、ハナダタミ、メクラガイ)

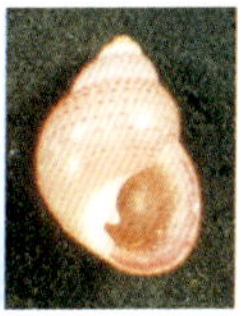

(写真下段：キバベニバイ、ヒメアワビ、ヒラヒメアワビ、エビスガイ)

貝の図鑑　海の貝

ムラサキウズ　*T. stellatus*　紀伊半島以南。殻高2.8cm。
ハクシャウズ　*T. histrio*　紀伊半島以南。殻高2.5cm。
ウズイチモンジ　*T. rota*　能登半島・房総半島以南。殻高2.5cm。
ギンタカハマ　*Tectus pyramis*　房総半島以南。殻高8cm。
ベニシリダカ　*T. conus*　紀伊半島以南。殻高5.5cm。
サラサバテイ　*T. niloticus*　奄美諸島以南。殻高12cm。
ナツモモ　*Clanculus margaritarius*　能登半島・房総半島以南。殻高1.2cm。
ウスイロナツモモ　*C. clanguloides*　九州南部以南。殻高1cm。
ベニフナツモモ　*C. stigmatarius*　奄美諸島以南。殻高1cm。
クロマキアゲエビス　*C. microdon*　山形県・房総半島以南。殻高1.5cm。
テツイロナツモモ　*C. denticulatus*　種子島・屋久島以南。殻高1.2cm。
コマキアゲエビス　*C. bronni*　能登半島・房総半島以南。殻高0.7cm。
クルマチグサ　*Eurytrochus cognatus*　房総半島以南。殻幅0.8cm。
チビクルマチグサ　*E. danieli*　奄美諸島以南。殻幅0.8cm。
イシダタミ　*Monodonta labio form confusa*　北海道南部〜九州南部。殻高2cm。
ハナダタミ　*M. canalifera*　奄美諸島以南。殻高2cm。
クロヅケガイ　*M. neritoides*　北海道南部以南。殻高1.6cm。
クビレクロヅケ　*M. perplexa perplexa*　男鹿半島・東北地方以南。殻高1.8cm。
メクラガイ　*Diloma suavis*　房総半島以南。殻高1.2cm。
キバベニバイ　*Alcyna ocellata*　山形県・房総半島以南。殻高0.4cm。
ヒメアワビ　*Stomatella impertusa*　能登半島・房総半島以南。殻幅1.5cm。（ヒメアワビ科）
ヒラヒメアワビ　*S. planulata*　紀伊半島以南。殻幅2.2cm。（ヒメアワビ科）
エビスガイ　*Calliostoma unicum*　北海道南部以南。殻高2.2cm。

貝の図鑑

海の貝

ヘソアキトゲエビス
ダンベイキサゴ 
ハナキサゴ 
アカベソキサゴモドキ 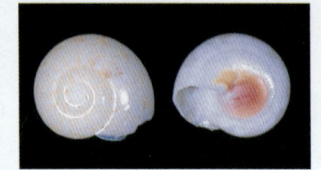
ハナゴショグルマ 
コノボリガイ 
ノボリガイ 
カタベガイ 
ソメワケカタベ 
ベニツブサンショウ 

ヘソアキトゲエビス　*C. soyoae*　房総半島以南。殻高2cm。
キサゴ　*Umbonium costatum*　北海道南部以南。殻幅2.3cm。
イボキサゴ　*U. moniliferum*　北海道南部以南。殻幅2cm。
タイワンキサゴ　*U. suturale*　紀伊半島以南。殻幅2cm。
ダンベイキサゴ　*U. giganteum*　男鹿半島・鹿島灘以南。殻幅4cm。
ハナキサゴ　*Camitia rotellina*　種子島・屋久島以南。殻幅1cm。
ハブタエシタダミ　*Talopena vernicosa*　紀伊半島以南。殻幅1cm。
キヌシタダミ　*Ethminolia stearnsii*　佐渡島・房総半島以南。殻幅1cm。
アカベソキサゴモドキ　*Ethalia sanguinea*　四国南部以南。殻幅1.7cm。
ハナゴショグルマ　*Ethaliella floccata*　紀伊半島以南。殻幅0.8cm。
コノボリガイ　*Rossiteria nuclea*　房総半島以南。殻幅0.8cm。
ノボリガイ　*Monilea smithi*　紀伊半島以南。殻幅2.2cm。
【サザエ科】
カタベガイ　*Angaria neglecta*　能登半島・房総半島以南。殻幅3.3cm。(カタベガイ科)
ソメワケカタベ　*A. formosa*　奄美大島以南。殻幅3.8cm。(カタベガイ科)
サンショウガイ　*Homalopoma nocturnum*　北海道南部以南。殻幅0.5cm。(以下リュウテン科)
サンショウスガイ　*Bothropoma pilulam*　佐渡島・房総半島以南。殻高0.5cm。
ベニツブサンショウ　*Leptothyra rubrocincata*　和歌山県以南。殻高0.2cm。
リュウテン　*Turbo (Turbo) petholatus*　種子島・屋久島以南。殻高6cm。
タツマキサザエ　*T. (T.) reevei*　山口県北部・伊豆半島以南。殻高5cm。

貝の図鑑 海の貝

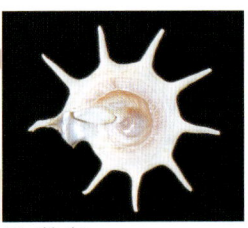

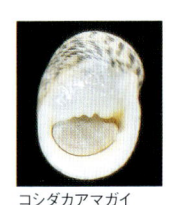

サザエ　*T. (Batillus) cornutus*　北海道南部以南。殻高12cm。
チョウセンサザエ　*T. (Marmarostoma) argyrostomus*　種子島・屋久島以南。殻高8cm。
コシダカサザエ　*T. (M.) stenogyrus*　山口県北部・房総半島以南。殻高3.2cm。
カンギク　*T. (Lunella) coronatus coronatus*　紀伊半島以南。殻高3cm。
スガイ　*T. (L.) c. coreensis*　北海道南部以南。殻高2.5cm。
カサウラウズ　*Astralium heimburgi*　伊豆半島以南。殻高1.8cm。
ウラウズガイ　*A. haematragum*　男鹿半島・房総半島以南。殻高2.8cm。
オオウラウズ　*A. rhodostoma*　種子島・屋久島以南。殻高3.5cm。
リンボウガイ　*Guildfordia triumphans*　能登半島・房総半島以南。殻幅6cm。
ベニバイ　*Tricolia variabilis*　北海道南部以南。殻高0.4cm。（ベニバイ科）
サラサバイ　*Phasianella solida*　房総半島以南。殻高0.8cm。（サラサバイ科）

【アマオブネ科】
イシダタミアマオブネ　*Nerita (Nerita) helicinoides*　伊豆大島・屋久島以南。殻高1~1.5cm。
ヒメイシダタミアマオブネ　*Ne. (Ne.) h. tristis*　八丈島・奄美諸島以南。殻高1.5cm。
コシダカアマガイ　*Ne. (Ne.) striata*　奄美諸島以南。殻高1.5~3cm。
キバアマガイ　*Ne. (Ritena) plicata*　鹿児島湾・屋久島以南。殻高1.5cm。
フトスジアマガイ　*Ne. (R.) costata*　紀伊半島以南。殻高2.2cm。
マルアマオブネ　*Ne. (Theliostyla) squamulata*　屋久島以南。殻高1~2cm。
オオマルアマオブネ　*Ne. (T.) chamaeleon*　屋久島以南。殻高2~3cm。
オオアマガイ　*Ne. (T.) ocellata*　種子島・屋久島以南。殻高1~2cm。
アマオブネ　*Ne. (T.) albicilla*　山口県北部・房総半島以南。殻高1~2cm。

貝の図鑑　海の貝

アマガイ
リュウキュウアマガイ 
オニツノガイ 
コオニノツノ 
メオニノツノ 
サキボソカニモリ 
サナギカニモリ 
コベルトカニモリ 
キイロカニモリ 
ハシナガツブエ 
ヨロイツブエ 
コゲツブエ 
クリムシカニモリ 
クワノミカニモリ 

アマガイ　*Ne. (Heminerita) japonica*　房総半島～九州。殻高1.5cm。
リュウキュウアマガイ　*Ne. (H.) insculpta*　屋久島以南。殻高1〜1.5cm。
エナメルアマガイ　*Ne. (H.) incerta*　屋久島以南。殻高1〜1.5cm。
ニシキアマオブネ　*Ne. (Linnerita) polita*　紀伊半島以南。殻高1.5〜2.5cm。
ヌリツヤアマガイ　*Ne. (L.) rumphii*　屋久島以南。殻高1.5〜2.5cm。

【オニツノガイ科】
オニツノガイ　*Cerithium nodulosum*　大隅諸島以南。殻高7cm。
コオニノツノ　*C. columna*　能登半島・相模湾以南。殻高3cm。
メオニノツノ　*C. echinatum*　紀伊半島以南。殻高5cm。
サキボソカニモリ　*C. claviforme*　奄美大島以南。殻高2cm。
サナギカニモリ　*C. pacificum*　奄美大島以南。殻高2.3cm。
コベルトカニモリ　*C. dialeucum*　男鹿半島・房総半島以南。殻高3cm。
キイロカニモリ　*C. citrinum*　紀伊半島以南。殻高4cm。
ハシナガツブエ　*C. rostratum*　島根県・房総半島以南。殻高1.5cm。
ヨロイツブエ　*C. lifuense*　紀伊半島以南。殻高2.5cm。
コゲツブエ　*C. coralium*　紀伊半島以南。殻高3cm。
クリムシカニモリ　*C. nesioticum*　紀伊半島以南。殻高1.5cm。
ゴマフカニモリ　*C. punctatum*　紀伊半島以南。殻高1.5cm。
コンシボリツブエ　*C. atromarginatum*　紀伊半島以南。殻高1.5cm。
ホソシボリツブエ　*C. egenum*　紀伊半島以南。殻高1cm。
クワノミカニモリ　*Clypeomorus petrosa chemnitziana*　紀伊半島以南。殻高3cm。
カヤノミカニモリ　*C. bifasciata*　山口県北部・房総半島以南。殻高2cm。

| カヤノミカニモリ |  オオシマカニモリ |  タケノコカニモリ |  カニモリガイ | 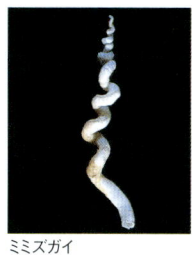 ミミズガイ |

| ゴマフニナ |  ヨコスジタマキビモドキ | 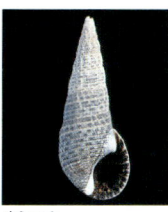 ウミニナ |  ヘナタリ |  カワアイ |

| フトヘナタリ |  コンペイトウガイ |  ウズラタマキビ |  ヒメウズラタマキビ |  ホソスジウズラタマキビ |

クチムラサキカニモリ　*C. purpurastoma*　屋久島以南。殻高1.5cm。
オオシマカニモリ　*C. subbrevicula*　房総半島以南。殻高2cm。
タケノコカニモリ　*Rhinoclavis (Rhinoclavis) vertagus*　伊豆半島以南。殻高6cm。
カザリカニモリ　*R. (R.) articulata*　紀伊半島以南。殻高4cm。
フシカニモリ　*R. (R.) pilsbryi*　紀伊半島以南。殻高2.5cm。
トウガタカニモリ　*R. (R.) sinensis*　房総半島以南。殻高7cm。
トウガタカニモリ（ヒメトウガタカニモリ型）　*R. (R.) cedonulli*　殻高3.3cm。
カニモリガイ　*R. (Proclava) kochi*　男鹿半島・房総半島以南。殻高4cm。
【ミミズガイ科】
ミミズガイ　*Tenagodus (Tenagodus) cumingii*　房総半島以南。殻高7cm。
【ゴマフニナ科】
ゴマフニナ　*Planaxis sulcatus*　屋久島以南。殻高3cm。
ヨコスジタマキビモドキ　*Hinea fasciata*　伊豆半島以南。殻高0.8cm。
【ウミニナ科】
ウミニナ　*Batillaria multiformis*　北海道南部以南。殻高3.5cm。
【フトヘナタリ科】（ウミニナ科）
ヘナタリ　*Cerithidea (Cerithideopsilla) cingulata*　山口県北部・房総半島以南。殻高3cm。
カワアイ　*C. (C.) djadjariensis*　山口県北部・房総半島以南。殻高5cm。
フトヘナタリ　*C. (Cerithidea) rhizophorarum*　東京湾以南。殻高4cm。
【タマキビ科】
コンペイトウガイ　*Echininus cumingii spinulosus*　伊豆半島以南。殻高1.5cm。
ウズラタマキビ　*Littoraria. (Littorinopsis) scabra*　紀伊半島以南。殻高3cm。
ヒメウズラタマキビ　*L. (L.) intermedia*　伊豆半島以南。殻高2.5cm。
ホソスジウズラタマキビ　*L. (L.) undulata*　駿河湾以南。殻高2cm。

貝の図鑑

海の貝

コウダカタマキビ／テリタマキビ／タマキビ／マルウズラタマキビ
タイワンタマキビ／イボタマキビ／フトスジムカシタモト（ヒダトリガイ） 
マガキガイ／シドロ／フドロ／スイショウガイ 

コウダカタマキビ　*L.(L.) pintado*　紀伊半島以南。殻高1.5cm。
テリタマキビ　*L. (L.) coccinea*　紀伊半島・九州南部以南。殻高1.5cm。
タマキビ　*L. (L.) brevicula*　北海道以南。殻高1.5cm。
マルウズラタマキビ　*L. (Palustorina) articulata*　四国以南。殻高1.5cm。
アラレタマキビ　*Nodilittoraria radiata*　北海道南部以南。殻高0.8cm。
マルアラレタマキビ　*Nodilittoraria* sp.　奄美諸島以南。殻高0.5cm。
タイワンタマキビ　*N. vidua*　三浦半島以南。殻高1cm。
イボタマキビ　*N. trochoides*　対馬・房総半島以南。殻高1cm。

【ソデボラ科】（スイショウガイ科）

ムカシタモト　*Strombus (Canarium) mutabilis*　房総半島以南。殻高4cm。
フトスジムカシタモト（ヒダトリガイ）　*S. (C.) labiatus*　奄美諸島以南。殻高4cm。
ヤサガタムカシタモト　*S. (C.) microurceus*　房総半島以南。殻高2cm。
マガキガイ　*S. (Conomurex) luhuanus*　房総半島以南。殻高6cm。
シドロ　*S. (Doxander) japonicus*　房総半島以南。殻高7cm。
フドロ　*S. (Dolomena) marginatus robustus*　房総半島以南。殻高6cm。
スイショウガイ　*S. (Laevistrombus) turturella*　房総半島以南。殻高6.5cm。
イボソデ　*S. (Lentigo) lentiginosus*　屋久島以南。殻高8cm。
マイノソデ　*S. (Euprotomus) aurisdianae*　屋久島以南。殻高8cm。
ベニソデ　*S. (E.) bulla*　屋久島以南。殻高6cm。
ウラスジマイノソデ　*S. (E.) vomer*　屋久島以南。殻高8cm。

貝の図鑑

海の貝

イボソデ　ウラスジマイノソデ　ヒメゴホウラ　サソリガイ　クモガイ
フシデサソリ　スイジガイ　スズメガイ　キクスズメ　カワチドリ
アワブネ　ヒラフネガイ　ホンクマサカ　キヌガサガイ
ダイオウキヌガサ　オオヘビガイ 　リュウキュウヘビガイ 

ヒメゴホウラ　*S. (Tricornis) sinuatus*　種子島以南。殻高12cm。
サソリガイ　*Lambis crocata*　奄美諸島以南。殻高15cm。
クモガイ　*L. lambis*　紀伊半島以南。殻高17cm。
フシデサソリ　*L. (Millepes) scorpius scorpius*　奄美諸島以南。殻高15cm。
スイジガイ　*L. (Harpago) chiragra*　紀伊半島以南。殻高24cm。
【スズメガイ科】
スズメガイ　*Hipponix (Pilosabia) trigona*　房総半島以南。殻高2cm。
キクスズメ　*H. conica*　北海道以南。殻高2cm。
カワチドリ　*H. (Antisabia) foliacea*　房総半島以南。殻高1.5cm。
【カリバガサ科】
アワブネ　*Crepidula (Bostrycapulus) gravispinosus*　房総半島以南。殻高2cm。
ヒラフネガイ　*Ergaea walshi*　房総半島以南。殻高3cm。
【クマサカガイ科】
ホンクマサカ　*Xenophora japonica*　房総半島以南。殻幅4cm。
キヌガサガイ　*Stellaria (Onustus) exutus*　本州中部以南。殻幅10cm。
ダイオウキヌガサ　*S. gigantea*　高知県沖以南。殻幅13cm。
【ムカデガイ科】
オオヘビガイ　*Serpulorbis imbricatus*　北海道南部以南。殻幅5cm。
リュウキュウヘビガイ　*S. trimeresurus*　奄美諸島以南。殻幅5cm。

貝の図鑑　海の貝

フタモチヘビガイ
マメウサギ 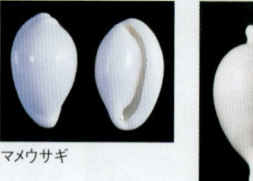
ウミウサギ 
ツリフネキヌヅツミ 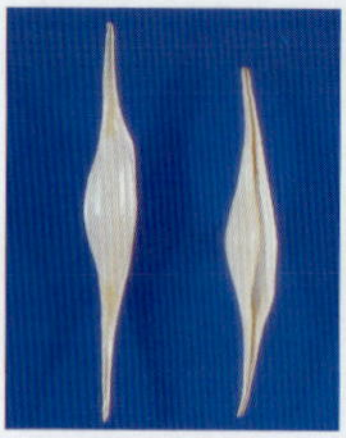
ムラクモダカラ 
ハチジョウダカラ 
アミメダカラ 
ヒメヤクシマダカラ 
ハラダカラ 
ホシダカラ 
ヒメホシダカラ  
ホシキヌタ 
クチムラサキダカラ 

フタモチヘビガイ　*Dendropoma maximum*　紀伊半島以南。殻高10cm。
【ウミウサギ科】
テンロクケボリ　*Pseudosimnia (Diminovula) punctata*　房総半島以南。殻高1cm。
ホソテンロクケボリ　*P. (D.) alabaster*　相模湾以南。殻高1cm。
マメウサギ　*Calpurnus (Procalpurnus) lacteus*　紀伊半島以南。殻高1cm。
ウミウサギ　*Ovula ovum*　紀伊半島以南。殻高10cm。
ツリフネキヌヅツミ　*Phenacovolva (Calcaria) longirostris*　相模湾以南。殻高3~7cm。
【タカラガイ科】
ムラクモダカラ　*Cypraea (Chelycypraea) testudinaria*　八丈島・長崎県以南。殻高11.5cm。
ハチジョウダカラ　*C. (Mauritia) mauritiana*　三浦半島以南。殻高11cm。
アミメダカラ　*C. (M.) scurra indica*　八丈島以南。殻高5cm。
ヤクシマダカラ　*C. (M.) arabica asiatica*　山口県北部・房総半島以南。殻高8.5cm。
ホソヤクシマダカラ　*C. (M.) eglantina*　八丈島以南。殻高5.5cm。
ヒメヤクシマダカラ　*C. (M.) depressa*　奄美諸島以南。殻高4cm。
ハラダカラ　*C. (Leporicypraea) mappa mappa*　紀伊半島以南。殻高9cm。
ホシダカラ　*C. (Cypraea) tigris*　山口県北部・三浦半島以南。殻高11cm。
ヒメホシダカラ　*C. (Lyncina) lynx*　山口県北部・相模湾以南。殻高5cm。
ホシキヌタ　*C. (L.) vitellus*　山口県北部・房総半島以南。殻高7.5cm。
クチムラサキダカラ　*C. (L.) carneola carneola*　山口県北部・房総半島以南。殻高7.5cm。
タルダカラ　*C. (Talparia) talpa*　伊豆半島以南。殻高9cm。

タルダカラ	ヤナギシボリダカラ	ヒメハラダカラ	クチグロキヌタ
ナツメモドキ	クロダカラ	ヒトエスソムラサキダカラ	メダカラ
アジロダカラ	ウキダカラ	クロシオダカラ	ヨツメダカラ / エダカラ

ヤナギシボリダカラ　*C. (Luria) isabella isabella*　山口県北部・房総半島以南。殻高4cm。
ヒメハラダカラ　*C. (Erronea) hungerfordi hungerfordi*　山口県北部・房総半島以南。殻高4.5cm。
クチグロキヌタ　*C. (E.) onyx*　山口県北部・房総半島以南。殻高4.5cm。
ナツメモドキ　*C. (E.) errones errones*　紀伊半島以南。殻高3.5cm。
クロダカラ　*C. (E.) listeri*　兵庫県但馬・房総半島以南。殻高2cm。
ヒトエスソムラサキダカラ　*C. (E.) chinensis amiges*　伊豆大島・小笠原諸島, 紀伊半島以南。殻高4cm。
ツマムラサキメダカラ　*C. (Purpuradusta) fimbriata fimbriata*　銚子以南。殻高1.5cm。
ツマベニメダカラ　*C. (P.) minoridens*　房総半島以南。殻高1cm。
メダカラ　*C. (P.) gracilis*　陸奥湾以南。殻高2cm。
ヒナメダカラ　*C. (P.) microdon*　奄美諸島以南。殻高1cm。
カミスジダカラ　*C. (Palmadusta) clandestina clandestina*　房総半島以南。殻高1.8cm。
チャイロキヌタ　*C. (P.) artuffeli*　男鹿半島・房総半島以南。殻高2cm。
アジロダカラ　*C. (P.) ziczac*　房総半島以南。殻高2cm。
ウキダカラ　*C. (P.) asellus*　房総半島以南。殻高3cm。
クロシオダカラ　*C. (P.) contaminata*　房総半島以南。殻高1.5cm。
ヨツメダカラ　*C. (Blasicrura) quadrimaculata*　奄美諸島以南。殻高3cm。
エダカラ　*C. (B.) teres teres*　房総半島以南。殻高4cm。
サバダカラ　*C. (Bistolida) hirundo neglecta*　房総半島以南。殻高2cm。
ホンサバダカラ　*C. (B.) ursellus*　三浦半島以南。殻高1.5cm。
ニセサバダカラ　*C. (B.) kieneri depriesteri*　房総半島以南。殻高2cm。

スソヨツメダカラ　カノコダカラ 　コモンダカラ 　ハツユキダカラ

オミナエシダカラ 　ハナビラダカラ 　キイロダカラ

ハナマルユキ 　イボダカラ 　チリメンダカラ 　ザクロガイ

スソヨツメダカラ　　*C. (B.) stolida stolida*　　紀伊半島以南。殻高3.5cm。
カノコダカラ　　*C. (Cribrarula) cribraria cribraria*　　房総半島以南。殻高3cm。
ゴマフダカラ　　*C. (Notadusta) punctata punctata*　　房総半島以南。殻高1.7cm。
コモンダカラ　　*C. (Erosaria) erosa*　　山口県北部・房総半島以南。殻高4.5cm。
ハツユキダカラ　　*C. (E.) miliaris*　　山口県北部・房総半島以南。殻高4.5cm。
ナシジダカラ　　*C. (E.) labrolineata*　　山口県北部・銚子以南。殻高2.5cm。
ウミナシジダカラ　　*C. (E.) cernica cernica*　　山口県北部・房総半島以南。殻高3.5cm。
オミナエシダカラ　　*C. (E.) boivinii*　　山口県北部・房総半島以南。殻高4cm。
アヤメダカラ　　*C. (E.) poraria*　　山口県北部・房総半島以南。殻高2.5cm。
カモンダカラ　　*C. (E.) helvola helvola*　　能登半島・房総半島以南。殻高3cm。
ジュズダマダカラ　　*C. (E.) beckii*　　三浦半島以南。殻高1.5cm。
ハナビラダカラ　　*C. (E.) annulus*　　男鹿半島・房総半島以南。殻高3cm。
キイロダカラ　　*C. (E.) moneta*　　山口県北部・房総半島以南。殻高3.5cm。
ハナマルユキ　　*C. (E.) caputserpentis caputserpentis*　飛島（山形県）・房総半島以南。殻高4cm。
シボリダカラ　　*C. (Staphylaea) limacina limacina*　　山口県北部・房総半島以南。殻高3.5cm。
サメダカラ　　*C. (S.) staphylaea staphylaea*　　山口県北部・房総半島以南。殻高2.5cm。
イボダカラ　　*C. (S.) nucleus nucleus*　　房総半島以南。殻高3cm。
チドリダカラ　　*C. (Pustularia) cicercula*　　房総半島以南。殻高2cm。
コゲチドリダカラ　　*C. (P.) bistrinotata bistrinotata*　　紀伊半島以南。殻高2cm。
チリメンダカラ　　*C. (Ipsa) childreni*　　八丈島・紀伊半島以南。殻高2.5cm。
【シラタマガイ科】（ザクロガイ科）
ザクロガイ　　*Erata (Lachryma) callosa*　　房総半島以南。殻高0.9cm。

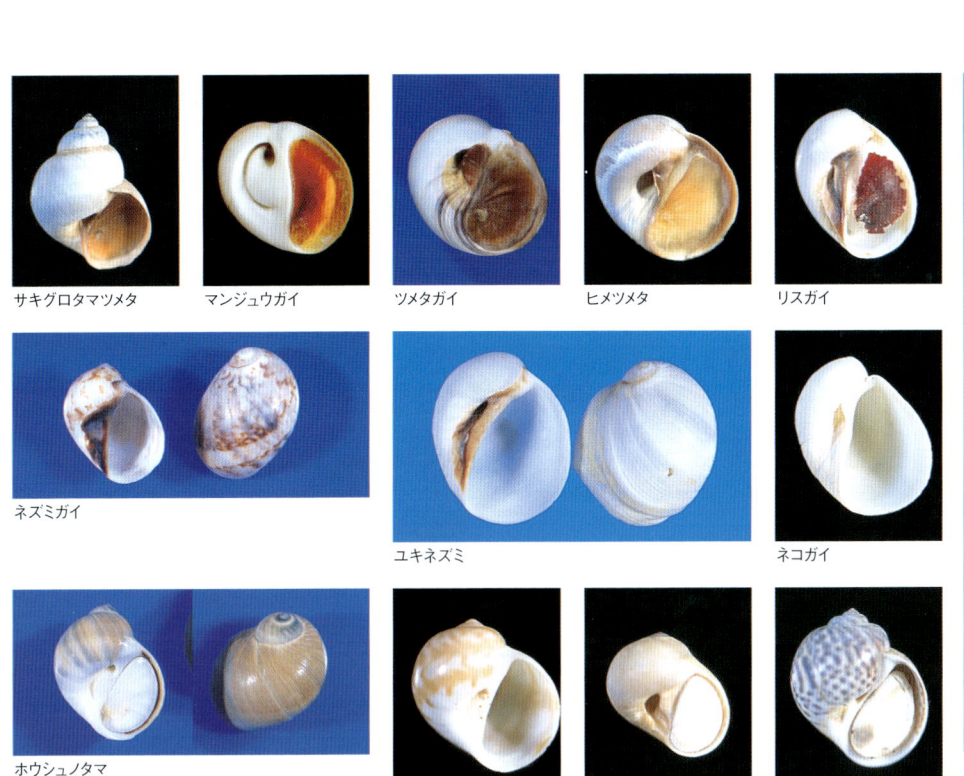

サキグロタマツメタ　マンジュウガイ　ツメタガイ　ヒメツメタ　リスガイ

ネズミガイ　ユキネズミ　ネコガイ

ホウシュノタマ　ハギノツユ　カスミコダマ　ゴマフダマ

【タマガイ科】
サキグロタマツメタ　*Euspira fortunei*　三河湾から瀬戸内海，有明海。殻高5cm。
オオタマツバキ　*Polinices powisianus*　紀伊半島以南。殻高5cm。
ウチヤマタマツバキ　*P. sagamiensis*　男鹿半島・相模湾以南。殻高4cm。
マンジュウガイ　*P. albumen*　紀伊半島以南。殻高3cm。
トミガイ　*P. mammilla*　紀伊半島以南。殻高4cm。
ヘソアキトミガイ　*P. flemingianus*　紀伊半島以南。殻高3cm。
ツメタガイ　*Glossaulax didyma*　北海道南部以南。殻高5cm。
ヒメツメタ　*G. vesicalis*　能登半島・房総半島以南。殻高4cm。
リスガイ　*Mammilla melanostoma*　紀伊半島以南。殻高4cm。
ネズミガイ　*M. simiae*　房総半島以南。殻高2.5cm。
ユキネズミ　*M. sebae*　紀伊半島以南。殻高4cm。
ネコガイ　*Eunaticina papilla*　男鹿半島・房総半島以南。殻高3cm。
ホウシュノタマ　*Natica gualteriana*　房総半島以南。殻高2cm。
ハギノツユ　*N. cernica*　能登半島・房総半島以南。殻高2cm。
カスミコダマ　*N. buriasiensis*　相模湾以南。殻高0.8cm。
ゴマフダマ　*N. tigrina*　三河湾以南。殻高3cm。
アラゴマフダマ　*Naticarius onca*　紀伊半島以南。殻高3cm。
フロガイ　*N. alapapilionis*　房総半島以南。殻高4cm。
フロガイダマシ　*N. concinnus*　男鹿半島・房総半島以南。殻高1.7cm。

貝の図鑑

海の貝

ヒョウダマ　*Tanea hilaris*　房総半島以南。殻高2.5cm。
トサダマ　*T. tosaensis*　銚子沖から土佐湾。殻高3cm。
エゾタマガイ　*Cryptonatica andoi*　北海道南部〜九州。殻高4cm。
【オキニシ科】
オキニシ　*Bursa bufonia dunkeri*　房総半島以南。殻高7cm。
イワカワウネボラ　*B. (Colubrellina) granularis*　山口県北部・紀伊半島以南。殻高5.5cm。
クチムラサキオキニシ　*B. rosa*　八丈島・紀伊半島以南。殻高4cm。
シワオキニシ　*B. (Ranella) cruentata*　紀伊半島以南。殻高4cm。
コブオキニシ　*B. tuberosissima*　屋久島以南。殻高4cm。
オオナルトボラ　*Tutufa bufo*　山口県見島・房総半島以南。殻高14cm。
シワクチナルトボラ　*T. (Tutufella) rubeta*　紀伊半島以南。殻高10cm。
【トウカムリ科】
ヒナヅル　*Casmaria erinacea*　紀伊半島以南。殻高4.5cm。
アメガイ　*C. ponderosa ponderosa*　房総半島以南。殻高4cm。
レンジャク　*C. p. nipponensis*　房総半島以南。殻高4cm。
ウネウラシマ　*Semicassis bisulcata japonica*　房総半島以南。殻高5cm。
ヒメタイコ　*S. (Xenogalea) inorata*　相模湾以南。殻高4.5cm。
ナンバンカブトウラシマ　*Echinophoria wyvillei*　遠州灘から四国沖。殻高7.5cm。
【ビワガイ科】
ビワガイ　*Ficus subintermedia*　房総半島以南。殻高11cm。

ウズラガイ　　　ヤツシロガイ　　　ウズラミヤシロ　　　カブトアヤボラ

シマアラレボラ　　ベニアラレボラ　　イササボラ　　　シノマキ　　　シロシノマキ　　　サツマボラ

ミツカドボラ　　　　　　　　　　　シオボラ　　　　　ショウジョウラ

カコボラ

【ヤツシロガイ科】
ウズラガイ　　*Tonna perdix*　　房総半島以南。殻高13cm。
ヤツシロガイ　　*T. luteostoma*　　北海道南部以南。殻高8cm。
ウズラミヤシロ　　*T. marginata*　　房総半島以南。殻高10cm。

【フジツガイ科】
カブトアヤボラ　　*Fusitriton galea*　　相模湾から四国沖。殻高9cm。
マツカワガイ　　*Biplex perca*　　山口県北部・房総半島以南。殻高7cm。
クビレマツカワ　　*B. pulchra*　　遠州灘以南。殻高6cm。
シマアラレボラ　　*Gyrineum gyrineum*　　奄美諸島以南。殻高3cm。
ベニアラレボラ　　*G. roseum*　　紀伊半島以南。殻高2cm。
イササボラ　　*G. pusillum*　　伊豆半島以南。殻高1cm。
シノマキ　　*Cymatium (Monoplex) pileare*　　山口県北部・八丈島・紀伊半島以南。殻高8cm。
シロシノマキ　　*C. (M.) mundum*　　紀伊半島以南。殻高3cm。
サツマボラ　　*C. (M.) aquatile*　　八丈島・紀伊半島以南。殻高5cm。
ミツカドボラ　　*C. (M.) nicobaricum*　　紀伊半島以南。殻高7cm。
カコボラ　　*C. (M.) parthenopeum*　　山口県北部・房総半島以南。殻高12cm。
シオボラ　　*C. (Gutturnium) muricinum*　　山口県北部・伊豆諸島，紀伊半島以南。殻高5cm。
ショウジョウラ　　*C. (Septa) rubeculum*　　屋久島以南。殻高5cm。

貝の図鑑

海の貝

ジュセイラ 　バンザイラ 　ククリボラ 　オオゾウガイ 　フジツガイ

トウマキ 　ボウシュウボラ 　ホラガイ 　ニセイボラ 　シマイボラ

ホネガイ 　コアッキガイ 　サツマツブリ 　オニサザエ 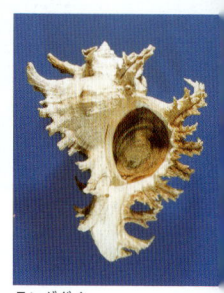　テングガイ

ジュセイラ　*C. (S.) hepaticum*　紀伊半島以南。殻高6cm。
バンザイラ　*C. (S.) flaveolum*　奄美大島以南。殻高5cm。
ククリボラ　*C. (Turritriton) exaratum*　山口県北部・房総半島以南。殻高5.5cm。
オオゾウガイ　*C. (Ranularia) pyrum*　山口県北部・相模湾以南。殻高10cm。
フジツガイ　*C. (Lotoria) lotorium*　紀伊半島以南。殻高13cm。
トウマキ　*C. (Gelagna) succinctum*　山口県北部・相模湾以南。殻高5cm。
ボウシュウボラ　*Charonia lampas sauliae*　山口県北部・房総半島以南。殻高20cm。
ホラガイ　*C. tritonis*　紀伊半島・八丈島以南。殻高40cm。
ニセイボラ　*Sassia semitorta*　房総半島以南。殻高5cm。
【イボラ科】（フジツカイ科）
シマイボラ　*Distorsio anus*　紀伊半島以南。殻高5cm。
【ハナゴウナ科】（ヤドリニナ科）
【Ⅱ】ヤツデヒトデヤドリニナ（ダルマクリムシ）　*Apicalia habei*　能登半島・房総半島以南。殻高1.1cm。
　　　ヤツデヒトデの口部に寄生。
【Ⅱ】メオトヤドリニナ　*Paramegadenus arrhynchus*　九州西岸，東シナ海，黄海，フィリピン。殻高1cm。
　　　ヒトデの一種　*Asthenoides rugulosus* Fisher, 1919（和名なし）の背面に寄生。

ガンゼキボラ	 センジュモドキ	 ガンゼキバショウ	 イチョウガイ	 ヒシヨウラク	 イトカケボラ	
 ウネレイシダマシ	 キナフレイシダマシ	 ヒメヨウラク	 コマドボラ		 コウスレイシダマシ	
 フリジアガイ	 ゴマフヌカボラ	 タカノハヨウラク	 イセヨウラク		 クチベニレイシダマシ	

【アッキガイ科】（アクキガイ科）

- ホネガイ　*Murex (Murex) pecten pecten*　房総半島以南。殻高8～15cm。
- コアッキガイ　*M. (M.) trapa*　東シナ海。殻高7～10cm。
- サツマツブリ　*Haustellum haustellum haustellum*　紀伊半島以南。殻高12cm。
- オニサザエ　*Chicoreus (Chicoreus) asianus*　能登半島・房総半島以南。殻高10cm。
- テングガイ　*C. (C.) ramosus*　紀伊半島以南。殻高20cm。
- ガンゼキボラ　*C. (Triplex) brunneus*　房総半島以南。殻高7cm。
- センジュモドキ　*C. (T.) torrefactus*　紀伊半島以南。殻高12cm。
- ガンゼキバショウ　*Siratus alabaster*　四国以南。殻高12cm。
- イチョウガイ　*Homalocantha anatomica*　紀伊半島以南。殻高6cm。
- モロハボラ　*Aspella anceps*　紀伊半島以南。殻高2cm。
- アラボリモロハボラ　*A. lamellosa*　紀伊半島以南。殻高2cm。
- ヒシヨウラク　*Favartia brevicula*　伊豆半島以南。殻高2cm。
- イトカケボラ　*Phyllocoma convoluta*　紀伊半島以南。殻高2～4cm。
- ウネレイシダマシ　*Cronia margariticola*　房総半島以南。殻高3cm。
- キナフレイシダマシ　*C. ochrostoma*　和歌山県以南。殻高2cm。
- ヒメヨウラク　*Ergalatax contractus*　北海道南部以南。殻高2.5～3cm。
- レイシダマシモドキ　*Muricodrupa fusca*　紀伊半島以南。殻高2～2.5cm。
- コマドボラ　*M. fenestrata*　伊豆半島以南。殻高3cm。
- コウスレイシダマシ　*Muricodrupa sp.*　房総半島以南。殻高1.5～2cm。
- フリジアガイ　*Phrygiomurex sculptilis*　和歌山県以南。殻高2cm。
- ゴマフヌカボラ　*Maculotriton serriale*　和歌山県以南。殻高2cm。
- タカノハヨウラク　*Pteropurpura (Pteropurpura) plorator*　房総半島～九州。殻高4～5cm。
- イセヨウラク　*P. (Ocinebrellus) adunca*　九州以北。殻高4～5cm。
- シロレイシダマシ　*Drupella cornus*　房総半島以南。殻高4cm。
- クチベニレイシダマシ　*D. concatenata*　三宅島・伊豆半島以南。殻高2～3cm。
- ヒメシロレイシダマシ　*D. fragum*　紀伊半島以南。殻高1.5～2cm。

イトマキレイシダマシ	クロフレイシダマシ	 コムラサキレイシダマシ
 トゲレイシダマシ	 ハナワレイシ	 ハタガイ	 ムラサキイガレイシ	 キマダライガレイシ
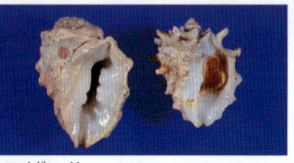 シロイガレイシ	 アカイガレイシ	 ヒロクチイガレイシ
 キイロイガレイシ	 ヒロクチレイシ	 タイワンレイシ	 ツノレイシ	 ツノテツレイシ

レイシダマシ　*Morula granulata*　伊豆諸島以南。殻高1.5〜2.5cm。
シマレイシダマシ　*M. musiva*　房総半島以南。殻高2〜3cm。
ウネシロレイシダマシ　*M. anaxares*　伊豆諸島以南。殻高1cm。
シロイボレイシダマシ　*M. purpureocincta*　三宅島・紀伊半島以南。殻高1cm。
クロイボレイシダマシ　*M. uva*　伊豆諸島以南。殻高2cm。
ニッポンレイシダマシ　*Morula sp.*　紀伊半島以南。殻高2cm。
イトマキレイシダマシ　*M. iostoma*　伊豆諸島・紀伊半島以南。殻高1.3cm。
クロフレイシダマシ　*M. funiculata*　房総半島以南。殻高1cm。
クチムラサキレイシダマシ　*Habromorula striata*　伊豆諸島以南。殻高2cm。
コムラサキレイシダマシ　*H. biconica*　紀伊半島以南。殻高2.5cm。
トゲレイシダマシ　*H. spinosa*　房総半島以南。殻高：2.5cm。
ハナワレイシ　*Nassa francolina*　紀伊半島以南。殻高5cm。
ハタガイ　*Vexilla vexillum*　伊豆諸島・紀伊半島以南。殻高2cm。
ムラサキイガレイシ　*Drupa (Drupa) morum morum*　紀伊半島以南。殻高4cm。
キマダライガレイシ　*D. (D.) ricinus ricinus*　伊豆諸島・紀伊半島以南。殻高3cm。
シロイガレイシ　*D. (D.) r. hadari*　伊豆半島以南。殻高3cm。
アカイガレイシ　*D. (Ricinella) rubusidaeus*　紀伊半島以南。殻高4cm。
ヒロクチイガレイシ　*D. (R.) clathrata*　伊豆諸島・紀伊半島以南。殻高3〜4cm。
キイロイガレイシ　*D. (Drupina) grossularia*　伊豆諸島・紀伊半島以南。殻高2.5cm。
キナレイシ　*Mancinella mancinella*　紀伊半島以南。殻高4cm。
シロクチキナレイシ　*M. echinulata*　屋久島以南。殻高4cm。
ヒロクチレイシ　*M. lata*　紀伊半島以南。殻高4.5cm。

シラクモガイ	クチキレレイシダマシ	レイシガイ	クリフレイシ
イボニシ	ミカンレイシ	ミズスイ	カセンガイ
トヨツガイ	ヒラセトヨツ	クチムラサキサンゴヤドリ	カブトサンゴヤドリ

タイワンレイシ　*M. bufo*　九州南部・種子島以南。殻高5cm。
シロレイシ　*M. siro*　房総半島以南。殻高4~5cm。
ウニレイシ　*M. echinata*　房総半島以南。殻高4~5cm。
ツノレイシ　*M. tuberosa*　紀伊半島以南。殻高5cm。
ツノテツレイシ　*M. hippocastanus*　伊豆諸島以南。殻高5cm。
テツレイシ　*Thais (Stramonita) savignyi*　伊豆諸島以南。殻高4cm。
シラクモガイ　*T. (S.) armigera*　種子島・屋久島以南。殻高7cm。
コイワニシ　*T. (Semiricinula) squamosa*　四国以南。殻高2cm。
クチキレレイシダマシ　*T. (Thaisiella) marginatra*　四国以南。殻高2.5cm。
レイシガイ　*T. (Reishia) bronni*　北海道南部・男鹿半島以南。殻高6cm。
クリフレイシ　*T. (R.) luteostoma*　北海道南部・男鹿半島以南。殻高4cm。
イボニシ　*T. (R.) clavigera*　北海道南部・男鹿半島以南。殻高3~5cm。
ミカンレイシ　*Pinaxia coronata*　山口県北部・房総半島以南。殻高2cm。
テツボラ　*Purpura panama*　紀伊半島以南。殻高6cm。
ホソスジテツボラ　*P. persica*　伊豆諸島以南。殻高8cm。
【アッキガイ科】（サンゴヤドリ科）
ミズスイ　*Latiaxis mawae*　房総半島以南。殻高5~8cm。
カセンガイ　*Babelomurex lischkeanus*　房総半島以南。殻高6cm。
トヨツガイ　*Coralliophila radula*　伊豆諸島以南。殻高3~4cm。
ヒラセトヨツ　*C. bulbiformis*　伊豆諸島以南。殻高2~2.5cm。
クチムラサキサンゴヤドリ　*C. neritoides*　伊豆諸島以南。殻高3cm。
カブトサンゴヤドリ　*C. erosa*　伊豆諸島以南。殻高3cm。

貝の図鑑

海の貝

イセカセン　スジサンゴヤドリ　ヒトハサンゴヤドリ 　イシカブラ 　ムロガイ

オニコブシ 　コオニコブシ 　イトグルマ 　フトコロガイ

チヂミフトコロ 　タモトガイ 　ムシエビ 　マツムシ

ムギガイ 　ユメマツムシ 　ノミニナモドキ 　タケノコモドキ

イセカセン　*C. fearnleyi*　紀伊半島以南。殻高4~5cm。
スジサンゴヤドリ　*C. costularis*　伊豆半島以南。殻高4cm。
カゴメサンゴヤドリ　*C. squamosissima*　房総半島以南。殻高3~4cm。
スギモトサンゴヤドリ　*C. clathrata*　紀伊半島以南。殻高1.5cm。
ヒトハサンゴヤドリ　*C. madreporaria*　伊豆半島以南。殻高2~3cm。
イシカブラ　*Magilus antiquus*　伊豆半島以南。殻高3cm。
ムロガイ　*M. striatus*　伊豆半島以南。殻高2~3cm。
【オニコブシ科】
オニコブシ　*Vasum ceramicum*　奄美諸島以南。殻高8cm。
コオニコブシ　*V. turbinellum*　紀伊半島以南。殻高5cm。
イトグルマ　*Columbarium pagoda pagoda*　銚子・日本海中部〜東シナ海。殻高6cm。(イトグルマ科)
【フトコロガイ科】(タモトガイ科)
フトコロガイ　*Euplica scripta*　房総半島以南。殻高1.5cm。
チヂミフトコロ　*E. varians*　房総半島以南。殻高1cm。
タモトガイ　*Pyrene punctata*　紀伊半島以南。殻高2cm。

| イボヨフバイ |  キンシバイ |  サメムシロ |  アラレガイ |

| ヨフバイ |   カスリヨフバイ |  ミスジヨフバイ |  ナミヒメムシロ |

ムシエビ　　*P. flava*　　房総半島以南。殻高1.5cm。
マツムシ　　*P. tetsudinaria tylerae*　　房総半島以南。殻高1.5cm。
ボサツガイ　　*Anachis misera misera*　　房総半島以南。殻高1.5cm。
クロフボサツ　　*A. m. nigromaculata*　　房総半島以南。殻高1cm。
ムギガイ　　*Mitrella bicincta*　　北海道南部以南。殻高1cm。
ユメマツムシ　　*M. (Graphicomassa) inscripta*　　伊豆諸島、紀伊半島以南。殻高1cm。
ノミニナモドキ　　*Zafra (Zafra) mitriformis*　　房総半島以南。殻高0.5cm。
タケノコモドキ　　*Parviterebra paucivolvis*　　紀伊半島以南。殻高1.5~2cm。

【ムシロガイ科】（オリイレヨフバイ科）
イボヨフバイ　　*Nassarius coronatus*　　奄美諸島以南。殻高3cm。
キンシバイ　　*Alectrion glans*　　相模湾以南。殻高4cm。
サメムシロ　　*A. papillosus*　　紀伊半島以南。殻高4cm。
アラレガイ　　*Niotha variegata*　　房総半島以南。殻高2~2.5cm。
アワムシロ　　*N. albescens*　　紀伊半島以南。殻高1~2cm。
キビムシロ　　*N. splendidula*　　銚子以南。殻高1.5~2cm。
ムシロガイ　　*N. livescens*　　三陸以南。殻高1.5~2cm。
アツムシロ　　*N. semisulcata*　　紀伊半島以南。殻高1.5~2cm。
ヒメオリイレムシロ　　*N. nodifer*　　奄美諸島以南。殻高1~1.5cm。
ヨフバイ　　*Telasco sufflatus*　　三陸以南。殻高2cm。
ヒメヨフバイ　　*T. gaudiosa*　　駿河湾以南。殻高1.5~2cm。
ヨフバイモドキ　　*T. reeveana*　　伊豆半島以南。殻高1.5~2cm。
カスリヨフバイ（ツヤヨフバイ）　　*T. limnaeformis*　　奄美諸島以南。殻高1.5～2cm。
ミスジヨフバイ　　*Nassa zonalis*　　伊豆半島以南。殻高2cm。
ハナムシロ　　*Zeuxis castus*　　三陸以南。殻高3cm。
オオハナムシロ　　*Z. siquijorensis*　　遠州灘以南。殻高3~4cm。
キヌヨフバイ　　*Z. concinnus*　　紀伊半島以南。殻高2cm。
オキナワキヌヨフバイ　　*Z. smithii*　　奄美諸島以南。殻高1.5cm。
ナミヒメムシロ　　*Reticunassa pauperus*　　北海道南部以南。殻高1cm。
アラムシロ　　*R. festiva*　　北海道南部以南。殻高1.5~2cm。

貝の図鑑　海の貝

キヌボラ
トクサバイ 
ミガキトクサバイ 
クロスジトクサバイ 
ミクリガイ 
シマミクリ 
シマアラレミクリ 
バイ 
テンスジノシガイ 
ゴマフホラダマシ 
ノシガイ 
コホラダマシ 
ホラダマシ 

キヌボラ　*R. japonica*　本州以南。殻高2cm。
【エゾバイ科】
トクサバイ　*Phos senticosum*　房総半島以南。殻高3.5cm。
ミガキトクサバイ　*P. laeve*　房総半島以南。殻高2cm。
クロスジトクサバイ　*P. nigroliratum*　相模湾以南。殻高2.2cm。
ミクリガイ　*Siphonalia cassidariaeformis*　本州から九州，朝鮮半島，中国沿岸。殻高4cm。
シマミクリ　*S. signa*　房総半島以南。殻高4cm。
シマアラレミクリ　*S. pfefferi*　紀伊半島以南。殻高4cm。
バイ　*Babylonia japonica*　北海道南部以南。殻高7cm。
ノシメニナ　*Enzinopsis lineata*　伊豆諸島以南。殻高1cm。
ホソノシガイ　*E. zonalis*　屋久島以南。殻高1cm。
ゲンロクノシガイ　*E. histrio*　沖縄以南。殻高1cm。
シロイボノシガイ　*E. phasianola*　屋久島以南。殻高1cm。
テンスジノシガイ　*E. astricta*　伊豆諸島以南。殻高1.5cm。
ミダレフノシガイ　*E. zatricium*　紀伊半島以南。殻高1cm
フイリノシガイ　*Enzinopsis* sp.　奄美諸島以南。殻高1cm。
ゴママダラノシガイ　*E. zepa*　紀伊半島以南。殻高1cm。
ゴマフホラダマシ　*E. menkeana*　房総半島以南。殻高1cm。
ノシガイ　*Eugina mendicaria*　伊豆半島以南。殻高1cm。
コホラダマシ　*Cantharus (Pollia) subrubiginosa*　房総半島以南。殻高1cm。
ホラダマシ　*C. (P.) fumosus*　紀伊半島以南。殻高2.5cm。

| スジグロホラダマシ | |  クチベニホラダマシ |  シリオレホラダマシ | |  ベッコウバイ |

| マルベッコウバイ |  テングニシ |  オニニシ |  ツノキガイ |  ヒメイトマキボラ |

| ムラサキツノマタモドキ |  ハシグロツノマタモドキ |  キイロツノマタモドキ |  クチベニツノマタモドキ |

貝の図鑑

海の貝

スジグロホラダマシ　*C.(P.) undosa*　紀伊半島以南。殻高3cm。
クチベニホラダマシ　*C. (Clivipollia) pulchra*　奄美大島以南。殻高1.8cm。
シリオレホラダマシ　*Caducifer truncata*　奄美大島以南。殻高1.8cm。
イソニナ　*Japeuthria ferrea*　房総半島以南。殻高3.5cm。
シマベッコウバイ　*J. cingulata*　伊豆半島以南。殻高3.5cm。
ベッコウバイ　*Ecmanis ignea*　紀伊半島以南。殻高2cm。
マルベッコウバイ　*E. tritonoides*　房総半島以南。殻高4cm。
【テングニシ科】
テングニシ　*Hemifusus tuba*　房総半島以南。殻高14cm。
オニニシ　*H. crassicaudus*　九州南部以南。殻高20cm。
【イトマキボラ科】
ツノキガイ　*Pleuroploca glabra*　伊豆諸島以南。殻高6.5cm。
ヒメイトマキボラ　*P. trapezium paeteli*　房総半島以南。殻高12cm。
ムラサキツノマタモドキ　*Peristernia nassatula*　紀伊半島以南。殻高3.5cm。
ハシグロツノマタモドキ　*P. ustulata ustulata*　奄美諸島以南。殻高4cm。
キイロツノマタモドキ　*P. u. luchuana*　屋久島以南。殻高4cm。
クチベニツノマタモドキ　*P. incarnata*　紀伊半島以南。殻高2cm。

ベニマキ
リュウキュウツノマタ 
スジグロニシキニナ 
コナガニシ 
ハシナガニシ 
イトマキナガニシ 
アライトマキナガニシ 
ナガニシ 
チトセボラ 
ノグチヒタチオビ 
イトマキヒタチオビ 
カネコヒタチオビ 
サオトメヒタチオビ 

ベニマキ　*Benimakia fastigia*　房総半島以南。殻高3cm。
リュウキュウツノマタ　*Latirus polygonus*　紀伊半島以南。殻高7.5cm。
ニシキニナ　*Latirulus craticulatus*　屋久島以南。殻高5cm。
ナガサキニシキニナ　*L. nagasakiensis*　房総半島以南。殻高5cm。
スジグロニシキニナ　*L. turritus*　紀伊半島以南。殻高5cm。
コナガニシ　*Fusinus ferrugineus*　陸奥湾から種子島。殻高8cm。
ハシナガニシ　*F. longicaudus*　山口県北部・駿河湾以南。殻高20cm。
イトマキナガニシ　*F. foceps*　九州以南。殻高16cm。
アライトマキナガニシ　*F. forceps salisburyi*　房総半島以南。殻高20cm。
ナガニシ　*F. perplexus*　北海道南部〜九州。殻高11cm。
チトセボラ　*F. nicobaricus*　伊豆半島以南。殻高15cm。
【ガクフボラ科】(ヒタチオビ科)
ノグチヒタチオビ　*Fulgoraria (Musashia) noguchii*　遠州灘。殻高10cm。
イトマキヒタチオビ　*F. rupestris hammillei*　四国沖〜九州。殻高13cm。
カネコヒタチオビ　*F. (Psephaea) kaneko*　日本海から九州西岸。殻高13cm。
サオトメヒタチオビ　*Saotomea delicata*　遠州灘〜九州西方。殻高4cm。
【マクラガイ科】
リュウグウボタル　*Amalda rubiginosa*　房総半島〜九州。殻高7cm。

リュウグウボタル 　マボロシリュウグウボタル 　ムシボタル 　サツマビナ 　ジュドウマクラ

オオジュドウマクラ 　マクラガイ 　カサゴナカセ 　コエボシ

ニシキノキバフデ 　クリイロフデ 　マユフデ 　ヤママユフデ

トビイロフデ 　ドングリフデ 　ヒメクリイロヤタテ 　フチヌイフデ 　キバフデ

マボロシリュウグウボタル　*A. utopica*　九州南西部～種子島。殻高4cm。
ムシボタル　*Olivella fulgurata*　男鹿半島・房総半島以南。殻高1cm。
サツマビナ　*Oliva annulata*　紀伊半島以南。殻高5cm。
ジュドウマクラ　*O. miniacea*　紀伊半島以南。殻高5cm。
オオジュドウマクラ　*O. sericea*　奄美諸島以南。殻高8cm。
マクラガイ　*O. mustelina*　男鹿半島・房総半島以南。殻高4cm。
カサゴナカセ　*Tateshia yadai*　屋久島沖、甑島沖。殻高1.4cm。
【ショクコウラ科】
コエボシ　*Morum (Onisidia) macandrewi*　房総半島, 伊豆諸島, 東シナ海。殻高3.5cm。(トウカムリ科)
【フデガイ科】
ニシキノキバフデ　*Mitra stictica*　紀伊半島以南。殻高5cm。
クリイロフデ　*M. coffea*　紀伊半島以南。殻高4～6cm。
マユフデ　*Nebularia chrysalis*　紀伊半島以南。殻高2～3cm。
ヤママユフデ　*N. turgida*　紀伊半島以南。殻高2cm。
トビイロフデ　*N. proscissa*　高知以南。殻高3cm。
ドングリフデ　*N. ticaonica*　紀伊半島以南。殻高3cm。
ヒメクリイロヤタテ　*N. luctuosa*　紀伊半島以南。殻高2.5～3cm。
フチヌイフデ　*N. coronata*　紀伊半島以南。殻高2.5～3.5cm。
キバフデ　*N. puncticulata*　奄美以南。殻高3～5cm。

貝の図鑑　海の貝

ヤタテガイ／オオシマヤタテ／ナガシマヤタテ／ミダレシマヤタテ

ハルサメヤタテ／キイロフデ／フトコロヤタテ／クチジロヒメヤタテ／クリイロヤタテ

カスミフデ／クチベニアラフデ／イワカワフデ／イモフデ／ヒメイモフデ

ヤタテガイ　*Strigatella scutula*　房総半島以南。殻高4cm。
オオシマヤタテ　*S. retusa*　房総半島以南。殻高1.5cm。
ナガシマヤタテ（コシマヤタテ）　*S. paupercula*　紀伊半島以南。殻高3.5cm。
ミダレシマヤタテ　*S. litterata*　伊豆半島以南。殻高1.5cm。
ハルサメヤタテ　*S. pica*　奄美以南。殻高2.5〜4cm。
キイロフデ　*S. pellisserpentis*　屋久島以南。殻高2〜3.5cm。
フトコロヤタテ　*S. decurtata*　屋久島以南。殻高3.5cm。
クチジロヒメヤタテ　*S. assimilis*　紀伊半島以南。殻高2cm。
クリイロヤタテ　*S. fastigium*　八丈島以南。殻高2〜3cm。
カスミフデ　*Swainsonia ocellata*　紀伊半島以南。殻高2〜3.5cm。
クチベニアラフデ　*Neocancilla papilio*　紀伊半島以南。殻高5〜6cm。
イワカワフデ　*N. clathrus*　房総半島以南。殻高3〜5cm。
イモフデ　*Pterygia dactylus*　紀伊半島以南。殻高3〜5cm。
ヒメイモフデ　*P. undulosa*　紀伊半島以南。殻高2〜3cm。

【ツクシガイ科】（フデガイ科）
ミノムシガイ　*Vexillum balteolatum*　紀伊半島以南。殻高3〜5cm
ベニシボリミノムシ　*V. stainforthi*　奄美大島以南。殻高4cm。
トクサツクシ　*Costellaria spicata*　紀伊半島以南。殻高2.5cm。
ナガツクシ　*C. japonica*　房総半島以南。殻高4〜5cm。
オオツクシ　*C. rectilateralis*　房総半島以南。殻高4〜5cm。
ハマヅト　*C. exaspertata*　紀伊半島以南。殻高2〜3cm。

133

貝の図鑑

海の貝

リュウグウボタル
マボロシリュウグウボタル 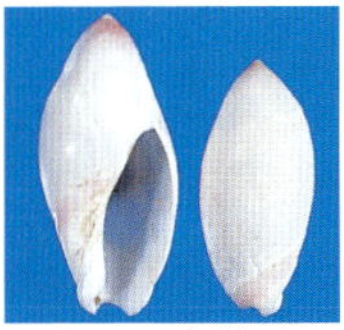
ムシボタル 
サツマビナ 
ジュドウマクラ 
オオジュドウマクラ 
マクラガイ 
カサゴナカセ 
コエボシ 
ニシキノキバフデ 
クリイロフデ 
マユフデ 
ヤママユフデ 
トビイロフデ 
ドングリフデ 
ヒメクリイロヤタテ 
フチヌイフデ 
キバフデ 

マボロシリュウグウボタル　*A. utopica*　九州南西部〜種子島。殻高4cm。
ムシボタル　*Olivella fulgurata*　男鹿半島・房総半島以南。殻高1cm。
サツマビナ　*Oliva annulata*　紀伊半島以南。殻高5cm。
ジュドウマクラ　*O. miniacea*　紀伊半島以南。殻高5cm。
オオジュドウマクラ　*O. sericea*　奄美諸島以南。殻高8cm。
マクラガイ　*O. mustelina*　男鹿半島・房総半島以南。殻高4cm。
カサゴナカセ　*Tateshia yadai*　屋久島沖，甑島沖。殻高1.4cm。
【ショクコウラ科】
コエボシ　*Morum (Onisidia) macandrewi*　房総半島，伊豆諸島，東シナ海。殻高3.5cm。(トウカムリ科)
【フデガイ科】
ニシキノキバフデ　*Mitra stictica*　紀伊半島以南。殻高5cm。
クリイロフデ　*M. coffea*　紀伊半島以南。殻高4〜6cm。
マユフデ　*Nebularia chrysalis*　紀伊半島以南。殻高2〜3cm。
ヤママユフデ　*N. turgida*　紀伊半島以南。殻高2cm。
トビイロフデ　*N. proscissa*　高知以南。殻高3cm。
ドングリフデ　*N. ticaonica*　紀伊半島以南。殻高3cm。
ヒメクリイロヤタテ　*N. luctuosa*　紀伊半島以南。殻高2.5〜3cm。
フチヌイフデ　*N. coronata*　紀伊半島以南。殻高2.5〜3.5cm。
キバフデ　*N. puncticulata*　奄美以南。殻高3〜5cm。

貝の図鑑

海の貝

ヤタテガイ / オオシマヤタテ / ナガシマヤタテ / ミダレシマヤタテ
ハルサメヤタテ / キイロフデ / フトコロヤタテ / クチジロヒメヤタテ / クリイロヤタテ
カスミフデ / クチベニアラフデ / イワカワフデ / イモフデ / ヒメイモフデ

ヤタテガイ　*Strigatella scutula*　房総半島以南。殻高4cm。
オオシマヤタテ　*S. retusa*　房総半島以南。殻高1.5cm。
ナガシマヤタテ（コシマヤタテ）　*S. paupercula*　紀伊半島以南。殻高3.5cm。
ミダレシマヤタテ　*S. litterata*　伊豆半島以南。殻高1.5cm。
ハルサメヤタテ　*S. pica*　奄美以南。殻高2.5~4cm。
キイロフデ　*S. pellisserpentis*　屋久島以南。殻高2~3.5cm。
フトコロヤタテ　*S. decurtata*　屋久島以南。殻高3.5cm。
クチジロヒメヤタテ　*S. assimilis*　紀伊半島以南。殻高2cm。
クリイロヤタテ　*S. fastigium*　八丈島以南。殻高2~3cm。
カスミフデ　*Swainsonia ocellata*　紀伊半島以南。殻高2~3.5cm。
クチベニアラフデ　*Neocancilla papilio*　紀伊半島以南。殻高5~6cm。
イワカワフデ　*N. clathrus*　房総半島以南。殻高3~5cm。
イモフデ　*Pterygia dactylus*　紀伊半島以南。殻高3~5cm。
ヒメイモフデ　*P. undulosa*　紀伊半島以南。殻高2~3cm。
【ツクシガイ科】（フデガイ科）
ミノムシガイ　*Vexillum balteolatum*　紀伊半島以南。殻高3~5cm
ベニシボリミノムシ　*V. stainforthi*　奄美大島以南。殻高4cm。
トクサツクシ　*Costellaria spicata*　紀伊半島以南。殻高2.5cm。
ナガツクシ　*C. japonica*　房総半島以南。殻高4~5cm。
オオツクシ　*C. rectilateralis*　房総半島以南。殻高4~5cm。
ハマヅト　*C. exaspertata*　紀伊半島以南。殻高2~3cm。

ミノムシガイ	ベニシボリミノムシ	トクサツクシ	ナガツクシ	オオツクシ
ムシロオトメフデ	アラレオトメフデ	ハナオトメフデ	ホソミヨリオトメフデ	マメオトメフデ
 シマオトメフデ		 ハマオトメフデ		 ソメワケオトメフデ
 エビチャオトメフデ	 クロオトメフデ	 トリカゴオトメフデ	 サンゴオトメフデ	

チヂミハマヅト　*C. pacifica*　紀伊半島以南。殻高2〜2.5cm。
トゲハマヅト　*C. cadaverosa*　紀伊半島以南。殻高2〜2.5cm。
ムシロオトメフデ　*C. mutabile*　紀伊半島以南。殻高2.5cm。
クチベニオトメフデ　*Pusia patriarchale*　紀伊半島以南。殻高2cm。
ナスビバオトメフデ　*P. tuberosa*　紀伊半島以南。殻高1.5〜2cm。
アラレオトメフデ　*P. cancellarioides*　紀伊半島以南。殻高1.5〜2cm。
ハナオトメフデ　*P. unifasciale*　紀伊半島以南。殻高1.5cm。
ホソミヨリオトメフデ　*P. pardalis*　奄美以南。殻高1.5cm。
ミヨリオトメフデ　*P. consanguinea*　紀伊半島以南。殻高1.5cm。
マメオトメフデ　*P. amabile*　紀伊半島以南。殻高1cm。
ハデオトメフデ　*P. lautum*　紀伊半島以南。殻高1.5〜2cm。
シマオトメフデ　*P. discoloria*　房総半島以南。殻高1.5cm。
ハマオトメフデ　*P. daedala*　房総半島以南。殻高1.5cm。
ソメワケオトメフデ　*P. cavea*　房総半島以南。殻高2cm。
エビチャオトメフデ　*Pusia sp.*　奄美大島以南。殻高1.5cm。
クロオトメフデ　*P. microzonias*　房総半島以南。殻高2.5cm。
トリカゴオトメフデ　*P. adamsi*　奄美大島以南。殻高1.5cm。
サンゴオトメフデ　*P. corallinum*　紀伊半島以南。殻高2〜3cm。

貝の図鑑

海の貝

ヒゼンツクシ　　*P. inermis inermis*　　房総半島以南。殻高1cm。
カスリオトメフデ　　*P. tusa*　　紀伊半島以南。殻高0.7cm。
ニシキフデ　　*Idiochila millecostata*　　奄美大島以南。殻高2~3cm。
テツヤタテ　　*Zierliana zierbogelli*　　奄美諸島以南。殻高3cm。
ヒメテツヤタテ　　*Z. woldemarii*　　紀伊半島以南。殻高2.5cm。
【コロモガイ科】
コンゴウボラ　　*Cancellaria (Merica) laticosta*　　山口県北部・房総半島以南。殻高5cm。
モモエボラ　　*C. (Momoebora) sinensis*　　男鹿半島・房総半島以南。殻高4.5cm。
コロモガイ　　*C. (Sydaphera) spengleriana*　　北海道南部~九州。殻高6cm。
トカシオリイレ　　*C. (Habesolatia) nodulifera*　　北海道南部~九州。殻高6cm。
オリイレボラ　　*Trigonostoma scalariformis*　　房総半島以南。殻高3cm。
ヘソアキオリイレボラ　　*T. stenomphala*　　伊勢湾~九州北西岸。殻高1.4cm。
【イモガイ科】
ミカドミナシ　　*Conus (Rhombus) imperialis*　　八丈島・土佐湾以南。殻高8cm。
アンボンクロザメ　　*C. (Lithoconus) litteratus*　　八丈島・土佐湾以南。殻高12cm。
クロフモドキ　　*C. (L.) leopardus*　　紀伊半島以南。殻高15cm。
クロザメモドキ　　*C. (L.) eburneus*　　八丈島・紀伊半島以南。殻高5.5cm。
ハルシャガイ　　*C. (L.) tessulatus*　　房総半島以南。殻高5cm。

ロウソクガイ

マダライモ

コマダライモ

サヤガタイモ

ジュズカケサヤガタイモ

ハナワイモ

ガクフイモ

ゴマフイモ

コモンイモ

ムラクモイモ

アラレイモ

貝の図鑑

海の貝

ロウソクガイ　*C. (Cleobula) quercinus*　房総半島以南。殻高7.5cm。
マダライモ　*C. (Virroconus) ebraeus*　伊豆半島以南。殻高4cm。
コマダライモ　*C. (V.) chaldaeus*　八丈島・紀伊半島以南。殻高3cm。
サヤガタイモ　*C. (V.) fulgetrum*　山口県北部・福島県以南。殻高4cm。
ジュズカケサヤガタイモ　*C. (V.) coronatus*　八丈島・紀伊半島以南。殻高3cm。
ハナワイモ　*C. (V.) sponsalis*　伊豆半島以南。殻高2.5cm。
ガクフイモ　*C. (V.) musicus*　八丈島・紀伊半島以南。殻高2.2cm。
ゴマフイモ　*C. (Puncticulus) pulicarius*　八丈島・紀伊半島以南。殻高6.2cm。
コモンイモ　*C. (P.) arenatus*　山口県北部・八丈島以南。殻高6cm。
ムラクモイモ　*C. (Stephanoconus) varius*　八丈島・紀伊半島以南。殻高5cm。
ベニイモ　*C. (S.) pauperculus*　房総半島以南。殻高3.8cm。
ツヤイモ　*C. (S.) boeticus*　土佐湾以南。殻高4cm。
アラレイモ　*C. (Chelyconus) catus*　八丈島・紀伊半島以南。殻高3cm。

貝の図鑑　海の貝

ベッコウイモ　*C. (C.) fulmen*　男鹿半島, 房総半島以南。殻高7cm。
アカシマミナシ　*C. (Leptoconus) generalis*　八丈島・紀伊半島以南。殻高8cm。
ヒラマキイモ　*C. (Dauriconus) planorbis*　八丈島・紀伊半島以南。殻高7cm。
ナガサラサミナシ　*C. (D.) litoglyphus*　八丈島・紀伊半島以南。殻高5.5cm。
ヤキイモ　*C. (Pionoconus) magus*　八丈島・九州南部以南。殻高8.5cm。
サラサミナシ　*C. (Rhizoconus) capitaneus*　三宅島・紀伊半島以南。殻高8cm。
イタチイモ　*C. (R.) mustelinus*　三宅島・紀伊半島以南。殻高9cm。
カバミナシ　*C. (R.) vexillum vexillum*　八丈島・紀伊半島以南。殻高11.5cm。
ヤナギシボリイモ　*C. (R.) miles*　八丈島・紀伊半島以南。殻高7cm。
ハイイロミナシ　*C. (R.) rattus*　房総半島以南。殻高4.8cm。
オトメイモ　*C. (Virgiconus) virgo*　八丈島・紀伊半島以南。殻高11.5cm。
ヤセイモ　*C. (V.) emaciatus*　八丈島・紀伊半島以南。殻高6cm。
キヌカツギイモ　*C. (V.) flavidus*　房総半島以南。殻高5.5cm。
イボシマイモ　*C. (V.) lividus*　山口県北部・房総半島以南。殻高6.6cm。
ニセイボシマイモ　*C. (V.) sanguinolentus*　小笠原諸島・奄美諸島以南。殻高4cm。
ベニイタダキイモ　*C. (V.) balteatus*　八丈島・紀伊半島以南。殻高3.9cm。
アンボイナ　*C. (Gastridium) geographus*　伊豆諸島以南。殻高13cm。
シロアンボイナ　*C. (G.) tulipa*　八丈島・九州南部以南。殻高8cm。
ニシキミナシ　*C. (Strioconus) striatus*　八丈島・紀伊半島以南。殻高9cm。
アジロイモ　*C. (Darioconus) pennaceus*　紀伊半島以南。殻高6cm。
タガヤサンミナシ　*C. (D.) textile*　三宅島・紀伊半島以南。殻高11cm。
ハナイモ　*C. (D.) retifer*　八丈島以南。殻高5cm。
スソムラサキイモ　*C. (Hermes) coffeae*　八丈島・紀伊半島以南。殻高3cm。

フデイモ	 トンボイモ	 アコメガイ	 イナズマアコメ	 チマキボラ

ヒトスジツノクダマキ	 モミジボラ	 ホソジュズカケクダマキ	 ホンカリガネ	 トラフクダマキ

マダラクダマキ	 カスリコウシツブ	 テンスジコウシツブ	 イボイボハラブトシャジク	 アラレモモイロフタナシシャジク

貝の図鑑 / 海の貝

フデイモ　*C. (Leporiconus) mitratus*　紀伊半島以南。殻高3cm。
トンボイモ　*C. (L.) cylindraceus*　紀伊半島以南。殻高3.5cm。
アコメガイ　*C. (Endemoconus) sieboldii*　房総半島以南。殻高10cm。
イナズマアコメ　*C. (E.) ione*　紀伊半島以南。殻高6cm。

【クダマキガイ科】
チマキボラ　*Thatcheria mirabilis*　相模湾以南。殻高10cm。
ヒトスジツノクダマキ　*Clavus (Tylotia) unizonalis*　奄美諸島以南。殻高2cm。
モミジボラ　*Inquisitor jeffreysii*　北海道南部以南。殻高5.5cm。
ホソジュズカケクダマキ　*Gemmula pulchella*　山口県見島・銚子以南。殻高2.6cm。
ホンカリガネ　*G. (Unedogemmula) unedo*　房総半島以南。殻高9cm。
トラフクダマキ　*Lophiotoma acuta*　熊野灘・奄美諸島以南。殻高5cm。
マダラクダマキ　*L. (Lophioturris) indicum*　男鹿半島・房総半島以南。殻高6cm。
カスリコウシツブ　*Kermia tessellata*　紀伊半島以南。殻高0.7cm。
テンスジコウシツブ　*K. felina*　奄美諸島以南。殻高0.6cm。
イボイボハラブトシャジク　*Carinapex papillosa*　屋久島以南。殻高0.5cm。
アラレモモイロフタナシシャジク　*Lienardia rhoda*cme　奄美諸島以南。殻高0.6cm。

イワカワトクサ 　ミガキトクサ 　シロコニクタケ 　ヤスリギリ 　ハヤテギリ 　タケノコガイ

ウシノツノガイ 　ベニタケ 　リュウキュウタケ 　キバタケ 　ヒメフトギリ

【タケノコガイ科】
シチクモドキ　*Hastula strigilata*　紀伊半島以南。殻高4cm。
ホソシチクモドキ　*H. matheroniana*　紀伊半島以南。殻高3cm。
シチクガイ　*H. rufopunctata*　山口県北部・房総半島以南。殻高3.5cm。
イワカワトクサ　*Duplicaria evoluta*　山形県・房総半島以南。殻高5cm。
ミガキトクサ　*D. raphanula*　紀伊半島以南。殻高5cm。
シラネタケ　*Hastulopsis melanacme*　山形県・房総半島以南。殻高3cm。
ゴトウタケ　*H. gotoensis*　房総半島以南。殻高4cm。
シロコニクタケ　*Cinguloterebra adamsii*　男鹿半島・房総半島以南。殻高3.5cm。
ヤスリギリ　*C. fenestrata*　房総半島以南。殻高5.5cm。
コンゴウトクサ　*Decorihastula undulata*　紀伊半島以南。殻高4cm。
カスリコンゴウトクサ　*D. kilburni*　紀伊半島以南。殻高3.2cm。
ハヤテギリ　*D. amoena*　紀伊半島以南。殻高4cm。
シロフタスジギリ　*D. columellaris*　紀伊半島以南。殻高5cm。
シュマダラギリ　*D. nebulosa*　山口県北部・相模湾以南。殻高3.5cm。
ムシロタケ　*D. afffinis*　紀伊半島以南。殻高4.5cm。
タケノコガイ　*Terebra subulata*　紀伊半島以南。殻高10cm。
ウシノツノガイ　*Subula muscaria*　紀伊半島以南。殻高15cm。
ベニタケ　*S. dimidiata*　紀伊半島以南。殻高9cm。
リュウキュウタケ　*Oxymeris maculatus*　紀伊半島以南。殻高15cm。
キバタケ　*O. crenulatus*　紀伊半島以南。殻高9cm。
シロイボニクタケ　*Dimidacus quoygaimardi*　紀伊半島以南。殻高4.5cm。
ホソニクタケ　*D. laevigata*　紀伊半島以南。殻高4.5cm。
マキザサ　*D. babylonia*　紀伊半島以南。殻高7cm。
ヒメトクサ　*Brevimyurella japonica*　北海道南部以南。殻高4cm。
アワジタケ　*B. awajiensis*　房総半島以南。殻高4.5cm。
ヒメフトギリ　*Triplostephanus lima*　若狭湾，相模湾以南。殻高9cm。

クロスジグルマ　ヒクナワメグルマ　ベニシボリ　ミスガイ

ナツメガイ　コナツメ 　タイワンナツメ 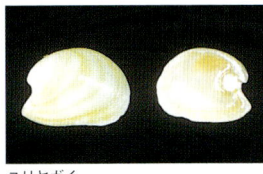　ユリヤガイ

ウツセミガイ  　コウダカカラマツ 　カラマツガイ

貝の図鑑

海の貝

【クルマガイ科】
クロスジグルマ　*Arhitectonica perspectiva*　山口県見島・房総半島以南。殻幅5cm。
ヒクナワメグルマ　*Heliacus (Heliacus) variegatus*　紀伊半島以南。殻幅1cm。
【トウガタガイ科】
ネコノミミクチキレ　*Otopleura auriscati*　奄美諸島以南。殻高2cm。
シイノミクチキレ　*O. mitralis*　三宅島以南。殻高1.5cm。
【ベニシボリ科】（ミスガイ科）
ベニシボリ　*Bullina lineata*　山口県北部・房総半島以南。殻高1.5cm。
【ミスガイ科】
ミスガイ　*Hydatina physis*　山口県北部・福島以南。殻高5cm。
【ナツメガイ科】
ナツメガイ　*Bulla ventricosa*　山口県北部・房総半島以南。殻高5cm。
コナツメ　*B. punctulata*　山口県萩市・屋久島以南。殻高3cm。
タイワンナツメ　*B. ampulla*　九州南部以南。殻高4cm。
【ユリヤガイ科】
ユリヤガイ　*Julia japonica*　紀伊半島以南。殻高1cm。
【タマノミドリ科】
【Ⅰ】タマノミドリ　*Tamanovalva limax*　瀬戸内海, 和歌山県, 鹿児島県・花瀬。殻高1cm。
【ウツセミガイ科】
ウツセミガイ　*Akera soluta*　房総半島以南。殻高2.5cm。
【アメフラシ科】
【Ⅱ】ジャノメアメフラシ　*Aplysia (Varria) dactylomela*　佐渡島・房総半島以南。体長15cm。
【Ⅱ】タツナミガイ　*Dolabella auricularia*　相模湾以南。体長25cm。
【イロウミウシ科】
【Ⅰ】アオウミウシ　*Hypselodoris festiva*　本州, 四国, 九州。体長5cm。
【イソアワモチ科】
【Ⅰ,Ⅱ】イソアワモチ　*Peronia verruculata*　石狩湾以南。体長5cm。
【カラマツガイ科】
コウダカカラマツ　*Siphonaria laciniosa*　屋久島以南。殻高1.7cm。
カラマツガイ　*S. (Sacculosiphonaria) japonica*　三陸～九州。殻高1.9cm。

貝の図鑑 海の貝

キクノハナ　　S. (*Anthosiphonaria*) *sirius*　　東北地方南部以南。殻高2cm。
シロカラマツ　S. (*Planesiphon*) *acmaeoides*　　房総半島以南。殻高1.8cm。
■掘足類（ツノガイ類）
【ゾウゲツノ科】（ツノガイ科）
ニシキツノ　　*Pictodentalium formosum*　　紀伊半島以南。殻高10cm。
■二枚貝類
【フネガイ科】
ワシノハ　　　*Arca navicularis*　　房総半島以南。殻長6.5cm。
コベルトフネガイ　*A. boucardi*　　北海道南部〜沖縄。殻長4.5cm。
エガイ　　　　*Barbatia* (*Abarbatia*) *lima*　　北海道南部以南。殻長5.5cm。
カリガネエガイ　*B.* (*Savignyarca*) *virescens*　　北海道南部以南。殻長5cm。
ベニエガイ　　*B.* (*Ustularca*) *fusca*　　紀伊半島以南。殻長6cm。
ハナエガイ　　*B.* (*U.*) *stearnsii*　　房総半島以南。殻長1.8cm。
チゴワシノハ　*Mimarcaria matsumotoi*　　房総半島〜九州。殻長2cm。
コシロガイ　　*Acar plicata*　　北海道南部以南。殻長2.5cm。

アカガイ
サトウガイ
ミミエガイ
ヨコヤマミミエガイ
タマキガイ
ソメワケグリ
ミドリイガイ
ヒメイガイ 
クログチ 
コウロエンカワヒバリ

アカガイ　*Scapharca broughtonii*　北海道南部以南。殻長12cm。
サトウガイ　*S. satowi*　房総半島以南。殻長8.3cm。
クイチガイサルボウ　*S. inaequivalvis*　房総半島以南。殻長7.5cm。
サルボウ　*S. kagoshimensis*　東京湾から九州。殻長5.5cm。
ミミエガイ　*Arcopsis symmetrica*　房総半島以南。殻長2.5cm。
ヨコヤマミミエガイ　*A. interplicata*　房総半島〜九州。殻長2cm。
【タマキガイ科】
タマキガイ　*Glycymeris* (*Veletuceta*) *vestita*　北海道南部〜九州。殻長7cm。
ソメワケグリ　*G.* (*V.*) *reevei*　紀伊半島以南。殻長4.5cm。
【イガイ科】
ムラサキイガイ　*Mytilus galloprovincialis*　北海道以南。殻長5.4cm。
ミドリイガイ　*Perna viridis*　東京湾以南。殻長3cm。
クジャクガイ　*Septifer bilocularis*　能登半島・房総半島以南。殻長2.5cm。
シロインコ　*S. excisus*　房総半島以南。殻長2.2cm。
ムラサキインコ　*S. virgatus*　北海道南西部以南。殻長2.8cm。
ヒメイガイ　*S. keenae*　北海道南西部以南。殻長2cm。
クログチ　*Xenostrobus atratus*　東京湾〜九州。殻長1.5cm。
コウロエンカワヒバリ　*X. securis*　東京湾以南の内湾。殻長3cm。

ケガイ

ヒバリモドキ

マメヒバリ

キサガイモドキ

タマエガイ

ホトトギス

チヂミタマエガイ

キカイイシマテ

マベ

ケガイ　*Trichomya hirsuta*　能登半島・福島県以南。殻長4cm。
ヒバリモドキ　*Hormomya mutabilis*　房総半島以南。殻長1.9cm。
ヒバリガイ　*Modiolus nipponicus*　陸奥湾以南。殻長3.9cm。
マメヒバリ　*M. margaritaceus*　北海道南西部から九州。殻長1.3cm。
リュウキュウヒバリ　*M. auriculatus*　紀伊半島以南。殻長3.1cm。
キサガイモドキ　*Solamen spectabilis*　日本海中部・東北地方以南。殻長3.4cm。
タマエガイ　*Musculus (Modiolarca) cupreus*　北海道南部以南。殻長2.3cm。
ホトトギス　*Musculista senhousia*　北海道南部以南。殻長2.3cm。
チヂミタマエガイ　*Gregariella coralliophaga*　日本海中部以南・房総半島以南。殻長1.4cm。
イシマテ　*Lithophaga (Leiosolenus) curta*　陸奥湾以南。殻長5cm。
カクレイシマテ　*L. (Labis) erimitica*　房総半島以南。殻長2.1cm。
キカイイシマテ　*L. (Stumpiella) lithura*　紀伊半島以南。殻長3.5cm。
【ウグイスガイ科】
マベ　*Pteria penguin*　紀伊半島以南。殻長2cm。

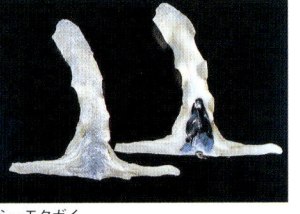

ミドリアオリ　*Pinctada maculata*　四国以南。殻長4cm。
アコヤガイ　*P. martensii*　男鹿半島，房総半島以南。殻長9cm。
クロチョウガイ　*P. margaritifera*　紀伊半島以南。殻長15cm。
【シュモクガイ科】
シュモクガイ　*Malleus (Malleus) albus*　房総半島以南。殻長18cm。
ヒョウガイ　*M. (Malvufundus) irregularis*　房総半島以南。殻長7cm。
【マクガイ科】
マクガイ　*Isognomon ephippium*　紀伊半島以南。殻長6cm。
シロアオリ　*I. legumen*　房総半島以南。殻長8cm。
【ハボウキガイ科】
イワカワハゴロモ　*Pinna muricata*　紀伊半島以南。殻長12cm。
クロタイラギ　*Atrina vexillum*　紀伊半島以南。殻長26cm。
タイラギ　*A. (Servatrina) pectinata*　日本海中部，福島県以南。殻長23cm。

カワタイラギ　*A. (S.) teramachii*　日本海中部・房総半島以南。殻長10cm。
カゲロウガイ　*Streptopinna saccata*　紀伊半島以南。殻長14cm。
【ミノガイ科】
ミノガイ　*Lima vulgaris*　房総半島以南。殻長9cm。
【イタヤガイ科】
ニシキガイ　*Chlamys (Azumapecten) squamata*　房総半島以南。殻長4cm。
ナデシコガイ　*Ch. (Laevichlamys) irregularis*　房総半島以南。殻長4cm。
ヒオウギ　*Mimachlamys nobilis*　房総半島以南。殻長12cm。
タジマニシキ　*Bractaechlamys quadrilirata*　能登半島，伊豆半島以南。殻長12cm。
ヤガスリヒヨク　*B. coruscans*　紀伊半島以南。殻長1.5cm。
チサラガイ　*Gloripallium pallium*　紀伊半島以南。殻長7cm。
チヒロガイ　*Excellichlamys spectabilis*　房総半島以南。殻長3cm。
キンチャクガイ　*Decatopecten striatus*　能登半島，房総半島以南。殻長5cm。

ツキヒガイ　*Amusium japonicum japonicum*　山陰地方・房総半島以南。殻長12cm。
【ワタゾコツキヒ科】
クラゲツキヒ　*Propeamussium sibogai*　駿河湾以南。殻長3.5cm。
【ウミギク科】
ウミギク　*Spondylus barbatus*　房総半島以南。殻長7cm。
チリボタン　*S. cruentus*　房総半島以南。殻長6cm。
オオナデシコ　*S. anacanthus*　房総半島以南。殻長5cm。
ショウジョウガイ　*S. regius*　紀伊半島以南。殻長10cm。
チイロメンガイ　*Eltopera sanguinea*　紀伊半島以南。殻長5cm。
【ナミマガシワ科】
シマナミマガシワモドキ　*Monia umbonata*　北海道〜九州。殻長8cm。
【ネズミノテ科】
ネズミノテ　*Plicatula simplex*　房総半島以南。殻長1.5cm。
カスリイシガキモドキ　*P. australis*　房総半島以南。殻長2.5cm。
【ベッコウガキ科】
カキツバタ　*Hyotissa imbricata*　房総半島以南。殻長10cm。
【イタボガキ科】
マガキ　*Crassostrea gigas*　日本全土。殻長15cm。
イワガキ　*C. nippona*　陸奥湾〜九州。殻長12cm。

オハグロガキ
ノコギリガキ
ワニガイ（ワニガキ） 
ウミアサ 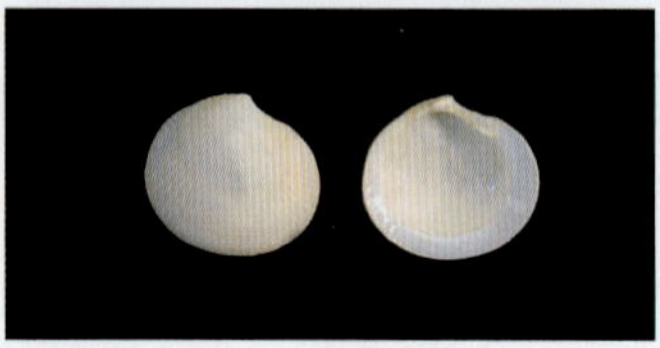
オオツキガイモドキ 
ケガキ 
キヌザル 
リュウキュウザル 
カワラガイ 
オオヒシガイ 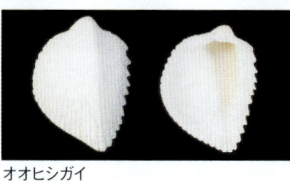
オキナワヒシガイ 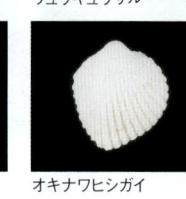 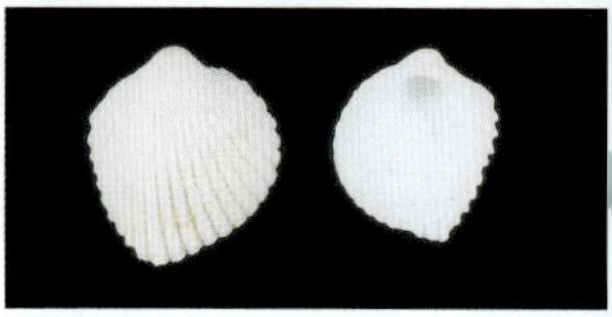

オハグロガキ　*Saccostrea mordax*　紀伊半島以南。殻長6cm。
ケガキ　*S. kegaki*　陸奥湾〜奄美諸島。殻高5cm。
ノコギリガキ　*Denddostrea crenulifera*　房総半島以南。殻長8cm。
ワニガイ（ワニガキ）　*D. frons*　紀伊半島以南。殻長5cm。
【ツキガイ科】
ウミアサ　*Epicodakia delicatula*　房総半島以南。殻長1cm。
オオツキガイモドキ　*Lucinoma spectabilis*　日本海西部、房総半島から九州。殻長6cm。
【ウロコガイ科】
【Ⅰ】ツヤマメアゲマキ　*Scintilla nitidella*　陸奥湾〜九州。殻長1cm。
【トマヤガイ科】
トマヤガイ　*Cardita leana*　北海道南部以南。殻長3cm。
クロフトマヤ　*C. variegata*　紀伊半島以南。殻長2.5cm。
【モシオガイ科】
モシオガイ　*Nipponocrassatella japonica*　男鹿半島・房総半島〜九州。殻長4cm。
スダレモシオ　*N. nana*　能登半島から九州西岸。殻長4cm。
【ザルガイ科】
キヌザル　*Vasticardium arenicola*　能登半島・房総半島以南。殻長4.5cm。
リュウキュウザル　*Regozara flavum*　奄美諸島以南。殻長5cm。
カワラガイ　*Fragum unedo*　四国以南。殻長5.5cm。
オオヒシガイ　*F. fragum*　奄美諸島以南。殻長3cm。
オキナワヒシガイ　*F. loochooanum*　奄美諸島以南。殻長1.5cm。

クサビヒシガイ　*F. mundum*　奄美諸島以南。殻長1cm。
モクハチアオイ　*Lunulicardia retusa*　紀伊半島以南。殻長2.5cm。
ハートガイ　*L. hemicardium*　奄美諸島以南。殻長2.5cm。
リュウキュウアオイ　*Corculum cardissa*　奄美諸島以南。殻長3cm。
マダラチゴトリ　*Laevicardium undatopictum*　房総半島以南。殻長1.5cm。
チゴトリガイ　*Fulvia hungerfordi*　房総半島以南。殻長2cm。
ボタンガイ　*F. australis*　紀伊半島以南。殻長2cm。
エマイボタン　*F. aperta*　房総半島以南。殻長5cm。
トリガイ　*F. mutica*　陸奥湾から九州。殻長9cm。

【シャコガイ科】
シラナミ　*Tridacna maxima*　紀伊半島以南。殻長17cm。
オオシャコ　*T. gigas*　沖縄以南。殻長75cm。(基礎知識, 貝の寿命の項参照)

【バカガイ科】
バカガイ　*Mactra chinensis*　北海道から九州。殻長8.5cm。
シオフキ　*M. veneriformis*　宮城県以南。殻長4.5cm。
リュウキュウバカガイ　*M. maculata*　紀伊半島以南。殻長6.5cm。

【チドリマスオ科】
チドリマスオ　*Donacilla picta*　房総半島以南。殻長1cm。
ナミノコマスオ　*Davila plana*　奄美諸島以南。殻長1.8cm。
イソハマグリ　*Atactodea striata*　房総半島以南。殻長3.2cm。
クチバガイ　*Coecella chinensis*　北海道から九州。殻長2.5cm。

フジノハナガイ
ナミノコガイ
リュウキュウナミノコ 
リュウキュウサラガイ
サメハダヒノデガイ
サメザラ 
リュウキュウシラトリ 
シボリザクラ 
ゴシキザクラ 
コメザクラ 
ウズザクラ 
オオモモノハナ 

【フジノハナガイ科】
フジノハナガイ　*Chion semigranosa*　房総半島以南。殻長1.5cm。
ナミノコガイ　*Latona cuneata*　房総半島以南。殻長2.5cm。
リュウキュウナミノコ　*L. faba*　奄美諸島以南。殻長2cm。

【ニッコウガイ科】
リュウキュウサラガイ　*Laciolina chloroleuca*　奄美諸島以南。殻長7cm。
ニッコウガイ　*Tellinella virgata*　奄美諸島以南。殻長6.4cm。
ヒメニッコウ　*T. staurella*　紀伊半島以南。殻長4cm。
サメハダヒノデガイ　*T. pulcherrima*　相模湾以南。殻長4.4cm。
ベニガイ　*Pharaonella sieboldii*　北海道南部から九州。殻長6.4cm。
トンガリベニガイ　*Ph. aurea*　奄美諸島以南。殻長7.2cm。
ダイミョウガイ　*Ph. perna*　紀伊半島以南。殻長7cm。
オオシマダイミョウ　*Ph. tongana*　奄美諸島以南。殻長9cm。
サメザラ　*Scutarcopagia scobinata*　九州南部以南。殻長6.5cm。
リュウキュウシラトリ　*Quidnipagus palatam*　紀伊半島以南。殻長5cm。
シボリザクラ　*Jactellina clathrata*　房総半島以南。殻長2cm。
ゴシキザクラ　*J. (Jactellina) obliquistriata*　奄美諸島以南。殻長1.5cm。
コメザクラ　*Exotica tokubeii*　房総半島以南。殻長1cm。
テリザクラ　*Moerella iridescens*　房総半島以南。殻長2cm。
ユウシオガイ　*M. rutila*　陸奥湾以南。殻長1.8cm。
サクラガイ　*Nitidotellina hokkaidoensis*　北海道南西部以南。殻長1.8cm。
カバザクラ　*N. iridella*　房総半島以南。殻長2cm。
ウズザクラ　*N. minuta*　北海道南西部〜九州。殻長1cm。
オオモモノハナ　*Macoma praetexta*　北海道南西部以南。殻長2cm。

シオサザナミ　　　　　マスオガイ　　　　　　　　リュウキュウマスオ

セミアサリ 　　　　　マルスダレガイ 　　　　　　ビノスモドキ 　　　　　　　アラヌノメ

カノコアサリ 　　　　オウギカノコアサリ 　　　チリメンカノコアサリ 　　　アツシラオガイ

【シオサザナミ科】
シオサザナミ　*Gari truncata*　房総半島以南。殻長5cm。
オチバガイ　*Psammotaea virescens*　若狭湾・東京湾以南。殻長4cm。
ハザクラ　*P. minor*　房総半島以南。殻長3.2cm。
マスオガイ　*P. elongata*　和歌山県以南。殻長4.5cm。
リュウキュウマスオ　*Asaphis violascens*　相模湾以南。殻長6.7cm。
イソシジミ　*Nuttallia japonica*　北海道南西部以南。殻長3.9cm。
ワスレイソシジミ　*N. obscura*　北海道から九州。殻長5cm。
【カワホトトギス科】
【Ⅱ】マゴコロガイ　*Peregrinamor oshimai*　瀬戸内海，有明海。殻長1.3cm。
【イワホリガイ科】
セミアサリ　*Claudiconcha japonica*　房総半島以南。殻長3cm。
【マルスダレガイ科】
マルスダレガイ　*Venus (Ventricolaria) toreuma*　房総半島以南。殻長3.5cm。
ビノスモドキ　*V. (V.) foveolata*　房総半島以南。殻長10cm。
アラヌノメ　*Pteriglypta reticulata*　八丈島・紀伊半島以南。殻長6cm。
カノコアサリ　*Glycydonta marica*　房総半島以南。殻長2cm。
オウギカノコアサリ　*Veremolpa laevicostata*　紀伊半島以南。殻長1.5cm。
チリメンカノコアサリ　*V. costellifera*　房総半島以南。殻長1cm。
アツシラオガイ　*Circe (Circe) intermedia*　房総半島以南。殻長4cm。

貝の図鑑　　海の貝

ケマンガイ	イナミガイ	サラサガイ
ユウカゲハマグリ	ガンギハマグリ	マルヒナガイ
サツマアカガイ	ワカカガミ	イヨスダレ
	ハネマツカゼ	マツカゼガイ
ハマグリ	フキアゲアサリ	マツヤマワスレ

ケマンガイ　*Gafrarium divaricatum*　能登半島・三重県以南。殻長4cm。
アラスジケマン　*G. tumidum*　奄美諸島以南。殻長4.5cm。
イナミガイ（ヒメイナミガイ）　*G. dispar*　房総半島以南。殻長2.5cm。
ホソスジイナミガイ　*G. pectinatum*　紀伊半島以南。殻長3.5cm。
サラサガイ　*Lioconcha fastigiata*　紀伊半島以南。殻長3.5cm。
ユウカゲハマグリ　*Pitar citrinus*　奄美諸島以南。殻長4cm。
ガンギハマグリ　*P. lineolatus*　房総半島以南。殻長2.5cm。
マルヒナガイ　*Phacosoma troscheli*　北海道南西部以南。殻長6cm。
オイノカガミ　*Bonartemis histrio histrio*　紀伊半島以南。殻長3.5cm。
サザメガイ　*B. h. iwakawai*　房総半島〜九州。殻長3.5cm。
ワカカガミ　*B. juvenilis*　紀伊半島以南。殻長1.5cm。
アサリ　*Ruditapes philippinarum*　北海道から九州。殻長4cm。
ヒメアサリ　*R. variegatus*　房総半島以南。殻長3cm。

| ハナヤカワスレ | シマワスレ | オキナワワスレ | クチベニガイ |

| ヒナクチベニ | ツクエガイ | サヤガイ | スズガイ |

サツマアカガイ　*Paphia amabilis*　房総半島から九州。殻長9cm。
イヨスダレ　*P. undulata*　能登半島・房総半島以南。殻長4.5cm。
コタマガイ　*Gomphina melanegis*　北海道南部から九州。殻長7.2cm。
オキアサリ　*G. semicancellata*　房総半島以南。殻長4.5cm。
フキアゲアサリ　*G. undolosa*　八丈島・鹿児島県以南。殻長2cm。
マツカゼガイ　*Irus mitis*　陸奥湾以南。殻長2.5cm。
ハネマツカゼ　*I. macrophyllus*　紀伊半島以南。殻長1.8cm。
マツヤマワスレ　*Callista chinensis*　房総半島以南。殻長7.5cm。
ハナヤカワスレ　*Callista phasianella*　奄美諸島以南。殻長1.5cm。
シマワスレ　*Cyclosunetta concinna*　紀伊半島以南。殻長2.5cm。
オキナワワスレ　*Sunettina langfordi*　奄美諸島以南。殻長1.5cm。
ハマグリ　*Meretrix lusoria*　北海道南部から九州。殻長8.5cm。

【クチベニガイ科】
クチベニガイ　*Solidicorbula erythrodon*　房総半島以南。殻長2.5cm。
ヒナクチベニ　*Anisocorbula modesta*　紀伊半島以南。殻長2cm。

【キヌマトイ科】
【Ⅰ】キヌマトイ　*Hiatella orientalis*　北海道以南。殻長2cm。

【ツクエガイ科】
ツクエガイ　*Gastrochaena cuneiformis*　伊豆半島以南。殻長4cm。
サヤガイ　*Spengleria mytiloides*　紀伊半島以南。殻長4cm。

【ニオガイ科】
スズガイ　*Jouannetia cumingii*　房総半島以南。殻長2cm。

貝の図鑑

海の貝

トゲスズガイ
スナゴスエモノガイ 
オナガギンスナゴガイ 
エナガシャクシ 
アオイガイ 
タコブネ 

トゲスズガイ　*J. (Pholadopsis) globulosa*　房総半島以南。殻長2cm。
【スエモノガイ科】
スナゴスエモノガイ　*Cyathodonta granulosa*　房総半島以南。殻長4cm。
【オトヒメゴコロガイ科】
オナガギンスナゴガイ　*Acreuciroa rostrata*　四国以南。殻長5cm。
【シャクシガイ科】
エナガシャクシ　*Cuspidaria macrorhyncha*　三陸沖以南。殻長3cm。
■頭足類（イカ・タコ類）
【カイダコ科】
アオイガイ　*Argonauta argo*　世界の温・熱帯海域。殻長25〜27cm。
タコブネ　*A. hians*　世界の温・熱帯海域。殻長8〜9cm。枕崎沖で漁師が生貝を捕獲。アオイガイと同じカイダコ科で，殻の中には雌のタコ（八腕類）が入っている。

陸の貝

ゴマオカタニシ 　モジャモジャヤマトガイ

アオミオカタニシ 　アツブタガイ 　タネガシマアツブタガイ

【陸の貝】
【ゴマオカタニシ科】
ゴマオカタニシ　*Georissa japonica*　本州, 四国, 九州, 琉球列島。殻高0.2cm。
フクダゴマオカタニシ　*G. hukudai*　沖永良部島, 与論島, 沖縄本島。殻高0.2cm。
リュウキュウゴマオカタニシ　*G. luchuana*　奄美大島, 沖永良部島, 与論島, 石垣島, 西表島。殻高0.2cm。
【ヤマキサゴ科】
【Ⅰ】ヤセオキナワヤマキサゴ　*Aphanoconia verecunda degener*　徳之島, 沖永良部島, 与論島。殻径0.4cm。
【ヤマタニシ科】
アオミオカタニシ　*Leptopoma nitidum*　沖縄諸島。殻高1.7cm。
モジャモジャヤマトガイ　*Japonia shigetai*　トカラ(口之島〜悪石島)。殻径0.4cm。
オキノエラブヤマトガイ　*J. tokunoshimana okinoerabuensis*　沖永良部島。殻径0.5cm。
ケブカヤマトガイ　*J. hispida*　宇治群島・家島。殻径0.4cm。
イトマキヤマトガイ　*J. striatula*　宇治群島(家島・向島)。殻径0.5cm。
ヤマタニシ　*Cyclophorus herklotsi*　本州(関東以西), 四国, 九州, 種子島, 屋久島, 口永良部島。殻径2cm。
キカイヤマタニシ　*C. kikaiensis*　喜界島, 徳之島。殻径1.5cm。
オオヤマタニシ　*C. hirasei*　奄美大島, 加計呂麻島, 徳之島。殻径3cm。
アツブタガイ　*Cyclotus (Procyclotus) campanulatus canpanulatus*　本州〜九州。殻径1.3cm。
タネガシマアツブタガイ　*C. (P.) c. tanegashimanus*　種子島。殻径1.2cm。
【Ⅰ】ミジンヤマタニシ　*Nakadaella micron*　本州, 四国, 九州, 屋久島。殻径0.2cm。
【ヤマクルマ科】
ヤマクルマ　*Spirostoma japonicum japonicum*　本州(近畿以西), 四国, 九州, 下甑島。殻径1.5cm。

ヤクシマヤマクルマ　*S. j. yakushimanum*　屋久島。殻径1.2cm。
ヒメヤマクルマ　*S. j. nakadai*　種子島，屋久島，口永良部島，口之島。殻径1cm。
【ムシオイガイ科】
ヒメムシオイ　*Chamalycaeus purus*　奄美大島，徳之島。殻径0.3cm。
オオシマムシオイ　*C. oshimanus*　奄美大島，加計呂麻島。殻径0.4cm。
トクノシマムシオイ　*C. tokunoshimanus tokunoshimanus*　徳之島，与路島。殻径0.4cm。
オオムシオイ　*C. t. principialis*　奄美大島。殻径0.6cm。
サツマムシオイ　*C. satsumanus satsumanus*　九州南部。殻径0.3cm。
ヌメクビムシオイ　*C. s laevicervix*　口永良部島。殻径0.4cm。
タネガシマムシオイ　*C. s. tanegashimae*　種子島，屋久島。殻径0.3cm。
ベニムシオイ　*C. laevis*　中之島，平島，諏訪瀬島，悪石島，宝島。殻径0.4cm。
クチビラキムシオイ　*C. expanstoma*　宇治群島（家島・向島）。殻径0.6cm。
【アズキガイ科】
アズキガイ　*Pupinella (Pupinopsis) rufa*　本州（長野県以西），四国，九州，種子島，屋久島，口永良部島，口之島，中之島，甑島。殻高1cm。
フナトウアズキガイ　*P. (P.) funatoi*　種子島，屋久島，口永良部島，口之島。殻径0.7cm。
オオシマアズキガイ　*P. (P.) oshimae oshimae*　奄美大島，加計呂麻島，徳之島。殻高1cm。
トクノシマアズキガイ　*P. (P.) o. tokunoshimana*　加計呂麻島（須子茂離），徳之島。殻高0.9cm。
【ゴマガイ科】
ニヨリゴマガイ　*Diplommatina (Sinica) nesiotica*　平島，諏訪瀬島，悪石島。殻高0.3cm。
【Ⅰ】ヤクシマゴマガイ　*D. (S.) yakushimae*　屋久島。殻高0.2cm。
ハラブトゴマガイ　*D. (S.) saginata*　種子島，屋久島，トカラ，奄美大島，加計呂麻島，徳之島。殻高0.3cm。
トウガタゴマガイ　*D. (S.) turris turris*　奄美大島，加計呂麻島。殻高0.3cm。
イトカケゴマガイ　*D. (S.) t. chineni*　中之島，悪石島，宝島。殻高0.3cm。
ハンミガキガマガイ　*D. (S.) nishii*　上甑島（里）。殻高0.2cm。
リュウキュウゴマガイ　*D. (S.) luchuana*　奄美，沖縄諸島。殻高0.3cm。
タネガシマゴマガイ　*D. (S.) tanegashimae tanegashimae*　種子島，屋久島。殻高0.3cm。
キュウシュウゴマガイ　*D. (S.) t. kyushuensis*　山口県，九州。殻高0.3cm。
【Ⅰ】ウジグントウゴマガイ　*D. (S.) ujiinsularis*　宇治群島。殻高0.3cm。
オオシマゴマガイ　*D. (Benigoma) oshimae*　奄美大島。殻高0.3cm。
ヒダリマキゴマガイ　*Palaina (Cylindropalina) pusilla pusilla*　北海道，本州，八丈島，四国，九州。殻高0.2cm。
シリブトゴマガイ　*Arinia japonica*　四国（香川県），九州（長崎県五島，熊本県，鹿児島県，宮崎県）。殻高0.2cm。
【カワザンショウガイ科】
ウスイロヘソカドガイ　*Paludinellassiminea stricta*　能登半島・房総半島以南。殻高0.5cm。
オオウスイロヘソカドガイ　*P. tanegashimae*　種子島，屋久島。殻高0.8cm。

オカミミガイ　　　　　　　　ハマシイノミガイ　　　　　　　ツヤハマシイノミガイ

クロヒラシイノミガイ　　スグヒダギセル　　　ピントノミギセル　　　ヤクスギイトカケノミギセル

ウスイロオカチグサ　*Paludinella debilis*　四国（香川県），九州，種子島，宝島。殻高0.4cm。
ツブカワザンショウ　*Assiminea estuarina*　山口県北部以南。殻高0.3cm。
クリイロカワザンショウ　*Angustassiminea castanea*　岩手県以南。殻高0.5cm。
サツマクリイロカワザンショウ　*A. satsumana*　本州中部以南。殻高0.6cm。
【オカミミガイ科】
オカミミガイ　*Ellobium chinense*　関東以南～有明海。殻高0.4cm。
シイノミミガイ　*Cassidula plecotrematoides*　三浦半島以南。殻高1.4cm。
カタシイノミミガイ　*C. crassiuscula*　奄美大島以南。殻高1.4cm。
ナガオカミミガイ　*Auriculastra elongata*　奄美大島以南。殻高1.3cm。
フクロナリオカミミガイ　*A. saccata*　奄美大島以南。殻高1.4cm。
ハマシイノミガイ　*Melampus nuxeastaneus*　山口県北部，房総半島以南。殻高1.3cm。
ツヤハマシイノミガイ　*M. flavus*　奄美諸島以南。殻高1.3cm。
クロヒラシイノミガイ　*Pythia pachyodon*　奄美諸島以南。殻高2cm。
【キセルモドキ科】
キセルモドキ　*Mirus reinianus*　本州，四国，九州。殻高2.7cm。
ホソキセルモドキ　*M. rugulosus*　九州。殻高2cm。
キカイキセルモドキ　*Luchuena reticulata*　奄美大島，喜界島，沖永良部島，沖縄本島。殻高1.8cm。
チャイロキセルモドキ　*L. nesiotica*　九州南部（佐多岬），屋久島，黒島，口之島，宇治群島。殻高1.7cm。
ウスチャイロキセルモドキ　*L. fulva*　沖永良部島，沖縄本島。殻高1.9cm。
オオシマキセルモドキ　*L. eucharista oshimana*　喜界島，奄美大島，加計呂麻島，徳之島。殻高1.9cm。
【キセルガイ科】
スグヒダギセル　*Hemizaptyx stimpsoni subgibbera*　本州（近畿，中国），四国西部，九州。殻高1.4cm。
ピントノミギセル　*H. pinto*　徳島県，大分県，種子島，屋久島，口永良部島，竹島，黒島，硫黄島，宇治群島，口之島，中之島，悪石島。殻高0.9cm。
ハラブトノミギセル　*H. ptychocyma*　種子島，屋久島。殻高1.1cm。
ユキタノミギセル　*H. yukitai*　三島村黒島。殻高1.3cm。
イトカケノミギセル　*H. caloptyx caloptyx*　種子島，屋久島。殻高0.9cm。
ヤクスギイトカケノミギセル　*H. c. subtilus*　屋久島。殻高1.1cm。

貝の図鑑

陸の貝

ウチマキノミギセル 　チビノミギセル 　ヒルグチギセル 　ナタマメギセル 　ツヤギセル

アラナミギセル 　シリオレギセル 　タネガシマギセル 　カタギセル

クサカキノミギセル　*H. kusakakiensis*　草垣群島・上ノ島。殻高0.9cm。
ツムガタノミギセル　*H. munus*　奄美大島, 加計呂麻島。殻高1.3cm。
カドシタノミギセル　*Heterozaptyx oxypomatica*　奄美大島。殻高1.2cm。
エダヒダノミギセル　*Diceratopyx cladoptyx*　徳之島。殻高1.2cm。
ウチマキノミギセル　*Stereozaptyx entospira*　種子島, 屋久島。殻高0.9~1cm。
ホソウチマキノミギセル　*S. exulans*　奄美大島。殻高1.2cm。
ソトバウチマキノミギセル　*S. exodonta*　奄美大島。殻高1.2cm。
コシキジマギセル　*Placeophaedusa koshikijimana*　上(中・下)甑島。殻高1.3cm。
チビノミギセル　*Oligozaptyx hedleyi*　トカラ(中之島, 臥蛇島, 諏訪瀬島, 悪石島), 奄美大島, 加計呂麻島, 徳之島。殻高0.9cm。
ザレギセル　*Luchuphaedusa mima*　奄美大島, 徳之島。殻高1.4cm。
アズマギセル　*L. azumai*　上(下)甑島。殻高2cm。
ヒルグチギセル　*L. nesiothauma*　奄美大島, 徳之島。殻高3.3cm。
オオシマギセル　*L. oshimae*　奄美大島, 徳之島。殻高2cm。
クサレギセル　*L. o. degenerata*　徳之島。殻高2.3cm。
トクノシマギセル　*L. mima tokunoshimana*　徳之島。殻高2.1cm。
ナタマメギセル　*L. ophidoon*　下甑島。殻高1.5cm。
ツヤギセル(オキノエラブギセル型)　*Nesiophaedusa praeclara okinoerabuensis*　沖永良部島。殻高2.3cm。
アラナミギセル　*Tyrannophaedusa (Tyrannophaedusa) oxycyma*　九州南部(宮崎県, 鹿児島県)。殻高1.5cm。
シリオレギセル　*T. (Decolliphaedusa) bilabrata*　本州(近畿以西), 四国, 九州。殻高2cm。
タネガシマギセル　*T. (D.) tanegashimae*　種子島, 屋久島。殻高1.8cm。
カタギセル　*Mesophaedusa interlamellaris*　九州南部。殻高1.8cm。

ナミハダギセル　*M. cymatodes*　九州南部（大隅半島）。殻高2cm。
ウジグントウギセル　*M. ujiguntoensis*　宇治群島（家島, 向島）。殻高2.8cm。
タブキギセル　*M. tabukii*　大隅半島（国見山, 甫与志岳, 高隈山）。殻高1.7cm。
オキモドキギセル　*M. okimodoki*　大分, 宮崎, 熊本, 鹿児島の各県。殻高2.9cm。
ギュリキギセル　*Phaedusa (Breviphaedusa) addisoni*　大阪府南部, 九州中南部, 上甑島。殻高1.8cm。
ハラブトギセル　*P. (B.) stereoma*　種子島, 屋久島。殻高2cm。
コハラブトギセル　*P. (B.) nugax*　屋久島。殻高1.5cm。
ヤコビギセル　*P. (B.) jacobiana*　種子島, 屋久島, 口永良部島。殻高1.4cm。
クロシマギセル　*P. (B.) tripleuroptyx*　三島村黒島。殻高1.6cm。
シイボルトコギセル　*P. (Phaedusa) sieboldtii*　本州, 四国, 九州。殻高1.7cm。
ネニヤダマシギセル　*P. (P.) neniopsis*　奄美大島。殻高1.8cm。
トクネニヤダマシギセル　*P. (P.) caudatus*　徳之島。殻高1.8cm。
ムコウジマコギセル　*P. (P.) arborea*　宇治群島（向島）。殻高1.5cm。
ハナコギセル　*Pictophaedusa euholostoma*　本州, 四国, 九州。殻高0.9cm。
トカラコギセル　*Proreinia vaga*　愛知県, 高知県, 宮崎県, 鹿児島県（屋久島, トカラ, 奄美大島, 沖永良部島）。殻高1.1cm。
コダマコギセル　*P. echo*　トカラ（平島, 悪石島）。殻高0.8cm。
【オカクチキレ科】
オカチョウジ　*Allopeas clavulinum kyotoense*　北海道以南。殻高1cm。
サツマオカチョウジ　*A. satsumense*　本州, 九州。殻高1cm。
オオオカチョウジ　*A. gracilis*　三島村黒島以南。殻高1.1cm。

アフリカマイマイ
タワラガイ
オキナワヒメオカモノアラガイ 
タカキビ 
グッドベッコウ 
コシキオオヒラベッコウ 
トクノシマベッコウ 
ウラジロベッコウ 
レンズガイ 
コベソマイマイ 

【アフリカマイマイ科】
アフリカマイマイ　*Achatina (Lissachatina) fulica*　奄美大島以南。殻高11cm。
【タワラガイ科】
タワラガイ　*Sinoennea iwakawa*　本州（関東以西）、四国、九州。殻高0.4cm。
【ナメクジ科】
【Ⅰ】ナメクジ　*Meghimatium bilineatum*　日本全土。体長5cm。
【Ⅰ】ヤマナメクジ　*M. fruhstorferi*　本州、四国、九州、久米島。体長16cm。
【Ⅰ】イボイボナメクジ　*Granulilimax fuscicornis*　徳島県、山梨県、静岡県、和歌山県、香川県、鹿児島県。体長2.5~3.5cm。
【コウラナメクジ科】
【Ⅰ】チャコウラナメクジ　*Limax marginatus*　日本全土。体長8cm。
【オカモノアラガイ科】
ヒメオカモノアラガイ　*Neosuccinea horticola*　本州、四国、九州、種子島、屋久島、下甑島。殻高0.8cm。
オキナワヒメオカモノアラガイ　*N. lyrata*　奄美諸島以南。殻高1.5cm。
ナガオカモノアラガイ　*Oxyloma hirasei*　本州（関東以西）、九州。殻高1.1cm。
【ベッコウマイマイ科】
タカキビ　*Trochochlamys praealta praealta*　本州。殻高0.4cm。
グッドベッコウ　*Takemasaia gudei*　奄美大島、徳之島、沖縄本島（国頭）。殻径0.9cm
ベッコウマイマイ　*Bekkochlamys perfragilis*　奄美大島、徳之島、沖縄諸島。殻径1.7cm。
【Ⅰ】ヤクシマベッコウ　*B. sakui*　宮崎県、屋久島、口永良部島。殻径1.6cm。
【Ⅰ】テラマチベッコウ　*B. teramachii*　熊本県、鹿児島県。殻径1.8cm。
コシキオオヒラベッコウ　*B. koshikijimanus*　甑島列島。殻径1cm。
クロシマベッコウ　*B. kuroshimana*　三島村黒島。殻径1.4cm。
トクノシマベッコウ　*Nipponochlamys subelimatus*　徳之島、久米島。殻径0.4cm。
ウラジロベッコウ　*Urazirochlamys doenitzii*　本州、四国、九州。殻径0.7cm。
レンズガイ　*Otesiopsis japonica*　本州、九州。殻径1.3cm。
【カサマイマイ科】
オオカサマイマイ　*Videnoida horiomphala*　九州南部（鹿児島）、奄美大島、加計呂麻島、徳之島、沖永良部島、沖縄諸島。殻径2cm。
タカカサマイマイ　*V. gouldiana*　九州南部（鹿児島）、種子島、屋久島、口永良部島、トカラ、奄美大島。殻径1.4cm。
【ナンバンマイマイ科】
オオシママイマイ　*S. (S.) lewisi lewisi*　口永良部島、トカラ、奄美大島、徳之島。殻径3.5cm。
キカイオオシママイマイ　*S. (S.) l. daemonorum*　喜界島。殻径3.2cm。
オキノエラブマイマイ　*Satsuma (Satsuma) mercatoria okinoerabuensis*　沖永良部島。殻径3.1cm~3.2cm。
チリメンマイマイ　*S. (S.) rugosa*　徳之島。殻径3.8cm。

シメクチマイマイ　　　ハジメテビロウドマイマイ 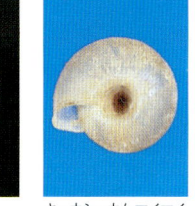　　　キュウシュウケマイマイ 　　トウガタホソマイマイ

ツバキカドマイマイ 　　　ミドリマイマイ 　　　ダコスタマイマイ 　　　クマドリオトメマイマイ

コベソマイマイ　　*S. (S.) myomphala myomphala*　　本州(関東西部以西)、四国、九州。殻径4cm。
タネガシママイマイ　　*S. (S.) tanegashimae*　　種子島、屋久島、トカラ、草垣群島、宇治群島。殻径2.8cm。
シメクチマイマイ　　*S. (S.) ferruginea*　　本州(中国)、四国、九州。殻径1.7cm。
クマドリヤマタカマイマイ　　*S. (Luchuhadra) adelinae*　　奄美大島、加計呂麻島。殻径2.5cm。
トクノシマヤマタカマイマイ　　*S. (L.) tokunoshimana*　　徳之島。殻径2.6cm。
オキノエラブヤマタカマイマイ　　*S. (L.) erabuensis*　　沖永良部島。殻径3.1cm。
ヒメユリヤマタカマイマイ　　*S. (L.) sooi*　　沖永良部島。殻径1.9cm。
アマミヤマタカマイマイ　　*S. (L.) shigetai*　　奄美大島。殻径2.5cm。
ハジメテビロウドマイマイ　　*Neochloritis tomiyamai*　　宇治群島(家島、向島)。殻径2.2cm。
ケハダシワクチマイマイ　　*Moellendorffia (Trichelix) eucharistus*　　奄美大島。殻径1.8cm。
コケハダシワクチマイマイ　　*M. (T.) diminuta*　　徳之島。殻径1.3cm。
トクノシマケハダシワクチマイマイ　　*M. (T.) tokunoensis*　　殻径2cm。
クチジロビロウドマイマイ　　*Yakuchloritis albolabris*　　屋久島。殻径1.8cm。
ホシヤマビロウドマイマイ　　*Y. hoshiyami*　　悪石島(トカラ)。殻径2.3cm。

【オナジマイマイ科】
マルテンスオオベソマイマイ　　*Aegista (Aegista) squarrosa squarrosa*　　奄美大島、加計呂麻島。殻径1.5cm。
トクノシマオオベソマイマイ　　*A. (A.) s. tokunoshimana*　　徳之島。殻径1.6cm。
コシキコウベマイマイ　　*A. (A.) kobensis koshikijimana*　　上甑島、下甑島。殻径1.5cm。
オオシマフリイデルマイマイ　　*A. (A.) friedeliana vestita*　　奄美大島。殻径1.4cm。
コシキフリイデルマイマイ　　*A. (A.) f. humerosa*　　上(中・下)甑島。殻径1.8cm。
イトウケマイマイ　　*A. (Plectotropis) itoi*　　屋久島。殻径1.8cm。
ヘソカドケマイマイ　　*A. (P.) conomphala*　　大隅諸島、草垣・宇治群島、トカラ。殻径1.8cm。
キュウシュウケマイマイ　　*A. (P.) kiusiuensis kiusiuensis*　　喜界島。殻径1.7cm。
オオシマケマイマイ　　*A. (P.) k. oshimana*　　奄美大島、加計呂麻島。殻径1cm。
トクノシマケマイマイ　　*A. (P.) k.tokunovaga*　　徳之島。殻径2.1cm。
トウガタホソマイマイ　　*Pseudobuliminus turrita*　　沖永良部島、沖縄本島。殻径0.7cm。
ツバキカドマイマイ　　*Trishoplita hachijoensis*　　伊豆諸島(八丈島、青ヶ島、三宅島)、九州南部、屋久島、トカラ(中之島)。殻径1.2cm。
ミドリマイマイ　　*T. nitens*　　喜界島、奄美大島、徳之島。殻径1.1cm。
ダコスタマイマイ　　*T. dacostae dacostae*　　大分県東部、九州南部。殻径1.2cm。
【Ⅰ】ヒゼンオトメマイマイ　　*T.collinsoni hizenensis*　　五島列島。殻径1.2cm。
クマドリオトメマイマイ　　*T.d.tosana*　　四国(高知県、愛媛県)。殻径1cm。

貝の図鑑

陸の貝

ヤクシママイマイ

オナジマイマイ

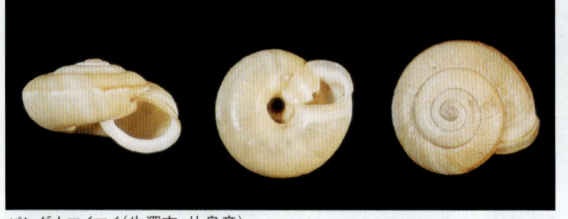

パンダナマイマイ（牛深市・片島産）

ホリマイマイ（有帯）

ホリマイマイ（無帯）

コハクオナジマイマイ

クロマイマイ　　*Euhadra tokarainsula tokarainsula*　　口永良部島,中之島,臥蛇島,悪石島,宝島。殻径4.5cm。
ウジグントウマイマイ　　*E. t. ujiensis*　　宇治群島（向島）。殻径4.9cm。
ツクシマイマイ　　*E. herklotsi herklotsi*　　山口県西部,九州,屋久島,種子島,口永良部島,甑島。殻径4.2cm。
キリシマイマイ　　*E. h. kirishimensis*　　霧島地方（鹿児島県・宮崎県）。殻径2.7cm。
ヤクシママイマイ　　*E. yakushimana*　　屋久島,種子島。殻径2.2cm。
エラブマイマイ　　*Nesiohelix irrediviva*　　奄美大島。殻径3.2cm。
オナジマイマイ　　*Bradybaena similaris*　　北海道（札幌）,本州,四国,九州,奄美,沖縄。殻径1.7cm。
パンダナマイマイ　　*B. circulus circulus*　　与論島産。殻径1.6cm。
　　パンダナマイマイ　　牛深市・片島産。殻径16mm。
ホリマイマイ　　*B. c. hiroshihorii*（有帯）男女群島・女島産。殻径1.8cm。
　　ホリマイマイ　　（無帯）男女群島・女島産。殻径1.9cm。
　　ホリマイマイ　　宇治群島・家島産。殻径1.4cm。
コハクオナジマイマイ　　*B. pellucida*　　千葉県,山口県,宮崎県,九州。屋久島。殻径：1.5cm。
チャイロマイマイ　　*Phaeohelix submandarina*　　大隅半島南部（佐多岬）,大隅諸島,トカラ,宇治群島。殻径2.5cm。
タメトモマイマイ　　*P. phaeogramma phaeogramma*　　トカラ,奄美諸島,沖縄諸島。殻径2.5cm。
オキナワウスカワマイマイ　　*Acusta despecta despecta*　　奄美諸島,沖縄諸島。殻径2cm。
ウスカワマイマイ　　*A. d. sieboldiana*　　北海道南部以南〜九州。殻径2cm。
オオスミウスカワマイマイ　　*A. d. praetenuis*　　大隅半島南部（佐多岬）,大隅諸島,トカラ,甑島。殻径2.2cm。

淡水の貝

イガカノコ 　カバクチカノコ

ツバサカノコ 　フネアマガイ（右側は蓋） 　スクミリンゴガイ 　トウガタカワニナ

【淡水の貝】
【アマオブネ科】
イシマキガイ　*Clithon retropictus*　能登半島・房総半島以南。殻高2.5cm。
カノコガイ　*C. sowerbianus*　鹿児島県本土, 奄美諸島, 沖縄諸島, 東南アジア。殻高2cm。
イガカノコ　*C. corona*　奄美諸島以南。殻高2.5cm。
ヒメカノコ　*C. (Pictoneritina) oualaniensis*　紀伊半島以南。殻高0.9cm。
レモンカノコ　*C. (P.) souverbiana*　紀伊半島以南。殻高0.8cm。
ハナガスミカノコ　*C. (P.) chlorostoma*　奄美大島, 沖永良部島, 沖縄諸島, 東南アジア。殻高0.8cm。
シマカノコ　*Neritina (Vittina) turrita*　奄美大島, 沖縄諸島, 台湾。殻高1.8cm。
ドングリカノコ　*Ni. (Vittoida) plumbea*　奄美大島, 沖縄本島北部, 西表島, 与那国島。殻高1.6cm。
カバクチカノコ　*Ni. (Neritina) pulligera*　奄美大島以南。殻高3cm。
ツバサカノコ　*Ni. (Neripteron) auriculata*　奄美大島以南。殻高1.5cm。
【フネアマガイ科】
フネアマガイ　*Septaria porcellana*　九州南部以南。殻高2cm。
【タニシ科】
マルタニシ　*Cipangopaludina chinensis laeta*　北海道南部以南。殻高4.5cm。
ヒメタニシ　*Sinotaia quadrata histrica*　北海道南部以南。殻高3.3cm。
【リンゴガイ科】
スクミリンゴガイ　*Pomacea canaliculata*　神奈川県以南。殻高4.5cm。
【カワニナ科】
カワニナ　*Semisulcospira libertina*　北海道以南。殻高3.2cm。
チリメンカワニナ　*S. l. reiniana*　本州中部以南。殻高4cm。
【トウガタカワニナ科】
アマミカワニナ　*Stenomelania costellaris*　奄美大島, 加計呂麻島, 沖縄諸島, 台湾。殻高1.2cm。
タケノコカワニナ　*S. c. rufescens*　本州中部以南。殻高6.1cm。
トウガタカワニナ　*Thiara (Plotiopsis) scabra*　奄美大島以南。殻高2.5cm。

イボアヤカワニナ　*Terebia granifera*　国分市, 指宿市, 奄美大島以南。殻高1.6cm。
ヌノメカワニナ　*Melanoides tuberculata*　国分市, 指宿市, 奄美大島以南。殻高3.6cm。
【モノアラガイ科】
モノアラガイ　*Radix auricularia japonica*　北海道〜九州。殻高1.8cm。
タイワンモノアラガイ　*R. a. swinhoei*　口永良部島, トカラ, 奄美諸島, 沖縄諸島。殻高2cm。
ヒメモノアラガイ　*Austropeplea ollula*　北海道〜沖縄。殻高1cm。
ハブタエモノアラガイ　*Pseudosuccinea columella*　八王子, 川崎, 静岡, 琵琶湖, 鹿児島市永田川春日橋下流（坂下泰典採集）。殻高1.6cm。
【サカマキガイ科】
サカマキガイ　*Physa acuta*　北海道〜沖縄。殻高1cm。
【ヒラマキガイ科】
ヒラマキミズマイマイ　*Gyraulus chinensis*　北海道〜九州。殻幅0.8cm。
【ミズゴマツボ科】
ミズゴマツボ　*Stenothyra glabra*　北海道〜沖縄。殻高0.6cm。
【イシガイ科】
マツカサガイ　*Inversidens japanensis*　北海道〜九州。殻長5cm。
ニセマツカサガイ　*I. yanagawensis*　岡山県, 鳥取県, 高知県, 福岡県, 鹿児島県。殻長5.6cm。
ドブガイ　*Anodonta (Sinanodonta) woodiana*　北海道〜九州。殻長17cm。
【シジミ科】
マシジミ　*Corbicula (Corbicula) leana*　青森から九州。殻長4cm。
ヤマトシジミ　*C. (C.) japonica*　北海道〜九州。殻長4cm。
ヤエヤマヒルギシジミ　*Geloina erosa*　奄美大島以南。殻長7.7cm。
【マメシジミ科】
【Ⅰ】ハベマメシジミ　*Pisidium habei* Kuroda (MS)　屋久島（花之江河, 小花之江河）殻長0.4cm。

参考文献

奥谷喬司編著, 1986. 決定版生物大図艦 貝類, 世界文化社, 東京.
奥谷喬司編著, 1997. 貝のミラクル, 東海大出版会, 東京.
奥谷喬司編著, 2000. 日本近海産貝類図鑑, 東海大出版会, 東京.
日本生態学会編, 2002. 外来種ハンドブック, 知人書館, 東京.
鹿児島の自然を記録する会編, 2002. 川の生きもの図鑑, 南方新社, 鹿児島.
菅野　徹, 1993. 有明海, 東海大出版会, 東京.
鹿児島県立博物館, 1993. 鹿児島の路傍300種図鑑(離島編), 鹿児島.
東　正雄, 1995. 原色日本貝類図鑑, 保育社, 大阪.
湊　宏, 1988. 生き生き動物の国　カタツムリ, 誠文堂新光社, 東京.
湊　宏, 1988. 日本陸産貝類総目録, 日本陸産貝類総目録刊行会, 和歌山.
湊　宏, 1994. 日本産キセルガイ科貝類の分類と分布に関する研究, 日本貝類学会, 東京.
魚住賢司, 1989. 福間町の貝類, 福間町史編集委員会, 福岡県福間町.
秋山章男・松田道生, 1984. 干潟の生物観察ハンドブック, 東洋館出版社, 東京.
岡本一志ほか, 1988. 沖縄海中生物図鑑　貝, 新星図書出版, 沖縄.
高橋五郎・岡本正豊, 1969. 福岡県産貝類目録, 奥村印刷株式会社, 東京.
内海富士夫, 1956. 原色日本海岸動物図鑑, 保育社, 大阪.
吉良哲明, 1966. 原色日本貝類図鑑, 保育社, 大阪.
波部忠重, 1963. 続原色日本貝類図鑑, 保育社, 大阪.
波部忠重, 小菅貞男, 1996. 貝, 保育社, 大阪.
橋本芳郎, 1978. 魚貝類の毒, 学会出版センター, 東京.
波部忠重, 1990. 日本非海産水棲貝類目録, ひたちおび54—56号.
江川和文, 坂下泰典, 2001. 鹿児島県揖宿郡愛宕川河口域の貝類相(REV.2).
村山　均, 1992. 柏崎の陸貝, 柏崎市立博物館.
久保弘文・黒住耐二, 1995. 沖縄の海の貝・陸の貝, 沖縄出版, 沖縄.
増田　修・早瀬善正. 2000. 奄美大島産陸水性貝類相, 兵庫陸水生物.
矢田正海・潮崎正浩, 2001. 牛深産貝類目録, 熊本.
佐々木猛智, 2002. 貝の博物誌, 東京大学出版会, 東京.
行田義三, 2000. 鹿児島の貝, 春苑堂, 鹿児島.
行田義三, 1995. 下甑島の貝類相, 北薩の自然, 鹿児島県立博物館.
行田義三, 1996. 徳之島の貝類, 奄美の自然, 鹿児島県立博物館.
行田義三, 1997. 稲尾岳の貝類相, 大隅の自然, 鹿児島県立博物館.
行田義三, 1998. 口永良部島の貝類, 熊毛の自然, 鹿児島県立博物館.
Sadao Kosuge & Masaji Suzuki, 1985. Illustrated Latiaxis and its Related Groups Family Coralliophilidae, Institute of Malacology of Tokyo Special Publication No.1.

和名索引 ※（　）内は別名

【ア行】

アオイガイ·············90, 154
アオウミウシ············15, 141
アオガイ···············38, 109
アオミオカタニシ············155
アカイガレイシ··········28, 126
アカガイ·············100, 143
アカシマミナシ·············138
アカベソキサゴモドキ········112
アコメガイ············94, 139
アコヤガイ················6, 145
アサテンガイ···········40, 110
アサリ·············6, 67, 152
アシヤガイ··········15, 43, 110
アジロイモ················138
アジロダカラ··············119
アズキガイ············71, 156
アズマギセル··········75, 158
アツシラオガイ·········92, 151
アツブタガイ···············155
アツムシロ············53, 129
アフリカマイマイ········19, 160
アマオブネ············97, 113
アマガイ··················114
アマミカワニナ·········86, 163
アマミヤマタカマイマイ···79, 161
アミメダカラ··············118
アメガイ··············49, 122
アヤメダカラ···········47, 120
アライトマキナガニシ····95, 132
アラゴマフダマ·········49, 121
アラスジケマン·········68, 152
アラナミギセル············158
アラヌノメ···········104, 151
アラボリモロハボラ·····50, 125
アラムシロ········16, 53, 129
アラレイモ················137
アラレオトメフデ··········135
アラレガイ············95, 129
アラレタマキビ·····11, 44, 116
アラレモモイロフタナシシャジク···24, 139
アワジタケ············62, 140
アワブネ··················117
アワムシロ············53, 129
アンボイナ··········104, 138
アンボンクロザメ·······59, 136

イガカノコ················163
イガギンエビス········93, 110
イササボラ·················123
イシカブラ·················128
イシダタミ·················111
イシダタミアマオブネ·····44, 113
イシマキガイ··········83, 163
イシマテ··············63, 144
イセカセン············96, 128
イセヨウラク···········94, 125
イソアワモチ······15, 91, 141
イソシジミ············67, 151
イソニナ··············55, 131
イソハマグリ··········65, 149
イタチイモ············58, 138
イチョウガイ··············125
イトウケマイマイ·······82, 161
イトカケゴマガイ·······72, 156
イトカケノミギセル······74, 157
イトカケボラ··············125
イトグルマ············94, 128
イトマキナガニシ·······95, 132
イトマキヒタチオビ·····94, 132
イトマキヤマトガイ·····69, 155
イトマキレイシダマシ········126
イナズマアコメ········94, 139
イナミガイ················152
イボアナゴ···········39, 109
イボアナゴ（ヒラアナゴ型）···39, 109
イボアヤカワニナ············164
イボイボナメクジ·······20, 160
イボイボハラブトシャジク···24, 139
イボキサゴ············43, 112
イボシマイモ··········57, 138
イボソデ··················116
イボダカラ·················120
イボタマキビ··········11, 116
イボニシ··········13, 98, 127
イボヨフバイ···············129
イモフデ··················134
イヨスダレ············92, 153
イワガキ··········12, 100, 147
イワカワウネボラ············122
イワカワトクサ···············140
イワカワハゴロモ······103, 145
イワカワフデ················134

ウキダカラ················119
ウジグントウギセル···17, 24, 25, 159
ウジグントウゴマガイ····18, 156
ウジグントウマイマイ·····18, 24, 80
ウシノツノガイ·············140
ウズイチモンジ·············111
ウスイロオカチグサ·····72, 157
ウスイロナツモモ···········111
ウスイロヘソカドガイ···72, 156
ウスカワマイマイ···19, 83, 162
ウズザクラ················150
ウスチャイロキセルモドキ·····73, 157
ウシヒザラガイ············108
ウズラガイ·················123
ウズラタマキビ·············115
ウズラミヤシロ········27, 123
ウチマキノミギセル·········158
ウチヤマタマツバキ·····48, 121
ウツセミガイ·············141
ウニレイシ············51, 127
ウネウラシマ··············122
ウネシロレイシダマシ···50, 126
ウネレイシダマシ···········125
ウノアシ（ウノアシ型）···12, 38, 108
ウノアシ（リュウキュウノアシ型）···38, 108
ウミアサ·················148
ウミウサギ················118
ウミキク·················147
ウミナシジダカラ·······47, 120
ウミニナ············16, 115
ウラウズガイ···········41, 113
ウラジロベッコウ···········160
ウラスジマイノソデ····101, 116
エガイ···············14 142
エゾタマガイ··············122
エダカラ·················119
エダヒダノミギセル·····74, 158
エナガシャクシ············154
エナメルアマガイ·······45, 114
エビスガイ············98, 111
エビチャオトメフデ····103, 135
エマイボタン··········65, 149
エラブマイマイ········80, 162
オイノカガミ··········68, 152
オウギカノコアサリ·········151
オオアシヤガイ········43, 110

オオアマガイ……………………113	オキノエラブヤマトガイ………68, 155	カバザクラ………………………67, 150
オオウスイロヘソカドガイ…………156	オキモドキギセル………………76, 159	カバミナシ………………………138
オオウラウズ……………………41, 113	オチバガイ…………………67, 99, 151	カブトアヤボラ……………………123
オオオカチョウジ…………………159	オトメイモ…………………………59, 138	カブトサンゴヤドリ………………15, 127
オオカサマイマイ……………………78, 160	オトメガサ…………………………14, 110	カミスジダカラ……………………46, 119
オオコシダカガンガラ………………98, 110	オナガギンスナゴガイ……………154	カモガイ……………………………109
オオシマアズキガイ………………71, 156	オナジマイマイ……………………19, 162	カモンダカラ………………………48, 120
オオシマカニモリ……………………115	オニコブシ…………………………128	カヤノミカニモリ……………………114
オオシマギセル……………………75, 158	オニサザエ…………………………95, 125	カラマツガイ………………………141
オオシマキセルモドキ………………74, 157	オニニシ……………………………131	カリガネエガイ……………………12, 142
オオシマケマイマイ…………………83, 161	オニノツノガイ……………………114	カワアイ……………………………115
オオシマゴマガイ…………………72, 156	オニヒザラガイ………………15, 37, 108	カワタイラギ………………………146
オオシマダイミョウ…………………66, 150	オネダカサルアワビ………………40, 109	カワチドリ…………………………117
オオシマフリイデルマイマイ…82, 161	オハグロガキ………………………11, 148	カワニナ……………………20, 85, 163
オオシマシマイマイ…………………79, 160	オミナエシダカラ…………………97, 120	カワラガイ………………………103, 148
オオシマムシオイ…………………70, 156	オリイレボラ………………………136	カンギク……………………………44, 113
オオシマヤタテ……………………134		ガンギハマグリ……………………152
オオシャコ………………………6, 149	【カ行】	ガンゼキバショウ…………………125
オオジュドウマクラ………………133	カキツバタ…………………………147	ガンゼキボラ………………………125
オオスミウスカワマイマイ…18, 83, 162	ガクフイモ…………………………137	キイロイガレイシ…………………36, 126
オオゾウガイ………………………124	カクレイシマテ……………16, 63, 144	キイロカニモリ……………………114
オオタマツバキ……………………48, 121	カゲロウガイ………………………146	キイロダカラ………………………120
オオツキガイモドキ………………96, 148	カゴサンショウガイモドキ……43, 110	キイロツノマタモドキ……………131
オオツクシ…………………………134	カゴボラ……………………………95, 123	キイロフデ…………………………134
オオツタノハ………………………108	カゴメサンゴヤドリ………………52, 128	キカイイシマテ……………………144
オオナデシコ………………………147	カサウラウズ………………………113	キカイオオシマイマイ………………79, 160
オオナルトボラ……………………122	カサゴナカセ………………………88, 133	キカイキセルモドキ………………74, 157
オオハナムシロ……………………53, 129	カザリカニモリ……………………60, 115	キカイヤマタニシ…………………69, 155
オオヒシガイ………………………148	カスミコダマ………………………121	キクスズメ…………………………117
オオベッコウガサ………37, 101, 108	カスミフデ…………………………98, 134	キクノハナ…………………………142
オオヘビガイ………………………12, 97, 117	カスリイシガキモドキ……………11, 147	キサガイモドキ……………………144
オオマルアマオブネ………………45, 113	カスリオトメフデ…………………136	キサゴ………………………………42, 112
オオムシオイ………………………70, 156	カスリコウシツブ…………………24, 139	キセルモドキ………………………73, 157
オオモモノハナ……………………99, 150	カスリコンゴウトクサ……………61, 140	キナフレイシダマシ………………125
オオヤマタニシ……………………69, 155	カスリヨフバイ……………………129	キナレイシ……………………28, 51, 126
オカチョウジ………………………18, 159	カセンガイ…………………………94, 127	キヌガサガイ………………………96, 117
オカミミガイ………………………157	カタギセル…………………………158	キヌカツギイモ……………………58, 138
オキアサリ……………………29, 68, 153	カタシイノミミガイ………………73, 157	キヌザル……………………………99, 148
オキナワウスカワマイマイ………83, 162	カタベガイ…………………………112	キヌシタダミ………………………42, 112
オキナワキヌヨフバイ……………54, 129	カドシタノミギセル………………74, 158	キヌボラ……………………………130
オキナワヒシガイ…………………148	カニモリガイ………………………92, 115	キヌマトイ…………………………14, 153
オキナワヒメオカモノアラガイ…160	カネコヒタチオビ…………………94, 132	キヌヨフバイ………………………54, 129
オキナワワスレ……………………153	カノコアサリ………………………151	キバアマガイ……………………101, 113
オキニシ……………………………102, 122	カノコガイ…………………………84, 163	キバタケ……………………………140
オキノエラブマイマイ………………79, 160	カノコダカラ………………………120	キバフデ……………………………133
オキノエラブヤマタカマイマイ 78, 161	カバクチカノコ……………………163	キバベニバイ………………………24, 111

和名索引

キビムシロ ……………………53, 129	クリムシカニモリ ……………………114	コケハダシワクチマイマイ ………81, 161
キマダライガレイシ ……28, 102, 126	クルマガサ ………………………108	コシキオオヒラベッコウ ………18, 160
キュウシュウケマイマイ ……………161	クルマチグサ ………………42, 111	コシキコウベマイマイ ………82, 161
キュウシュウゴマガイ ………………156	クロアワビ ………………………109	ゴシキザクラ ……………………28, 150
ギュリキギセル …………19, 77, 159	クロイボレイシダマシ ……51, 126	コシキジマギセル ………………75, 158
キリシママイマイ …………80, 162	クロオトメフデ ……………………135	コシキフリイデルマイマイ ……82, 161
キンシバイ ………………………129	クログチ ……………………………143	コシダカアマガイ ………101, 113
ギンタカハマ ………………97, 111	クロザメモドキ ……………………136	コシダカガンガラ ………97, 110
キンチャクガイ ……………………146	クロシオダカラ ……………………119	コシダカサザエ ………………113
クイチガイサルボウ ……64, 100, 143	クロシマギセル ………………19, 159	（コシマヤタテ）……………………134
グゥドベッコウ ……………19, 160	クロシマベッコウ ………31, 78, 160	コシロガイ ……………………142
ククリボラ …………………96, 124	クロスジグルマ ……………98, 141	コタマガイ ………………68, 153
クサイロアオガイ …………38, 109	クロスジトクサバイ ………………130	コダマコギセル ……………77, 159
クサカキノミギセル ………74, 158	クロタイラギ ………………………145	ゴトウタケ …………………61, 140
クサビヒシガイ ……………………149	クロダカラ …………………………119	コナガニシ …………………92, 132
クサレギセル ………………75, 158	クロチョウガイ ……………12, 145	コナツメ ……………………………141
クジャクガイ ………………62, 143	クロヅケガイ ………………42, 111	コノボリガイ ………………………112
クチキレレイシダマシ ………………127	クロヒラシイノミガイ ……………157	コハクオナジマイマイ ……19, 162
クチグロキヌタ ……………………119	クロフトマヤ ………………64, 148	コハラブトギセル ……………………159
クチジロヒメヤタテ ………………134	クロフボサツ ………………53, 129	コバンソキレ ………………39, 109
クチジロビロウドマイマイ ……81, 161	クロフモドキ ………………59, 136	コビトアワビ ………………………109
クチバガイ ……………………65, 149	クロフレイシダマシ ………………126	コブオキニシ ………………………122
クチビラキムシオイ ……18, 70, 156	クロマイマイ ………………80, 162	コベソマイマイ ………………18, 161
クチベニアラフデ ………102, 134	クロマキアゲエビス ……41, 111	コベルトカニモリ ……………………114
クチベニオトメフデ …………56, 135	クワノミカニモリ ……………………114	コベルトフネガイ ………………142
クチベニガイ ………………………153	ケガイ ………………………………144	コホラダマシ ………………………130
クチベニツソマタモドキ …………131	ケガキ ………………………11, 148	ゴマオカタニシ ……………………155
クチベニホラダマシ ………………131	ケハダシワクチマイマイ ………81, 161	コマキアゲエビス ……………43, 111
クチベニレイシダマシ ………102, 125	ケハダヒザラガイ ………………15, 108	コマダライモ ………………………137
クチムラサキオキニシ ……………122	ケブカヤマトガイ ………………68, 155	コマドボラ …………………………125
クチムラサキカニモリ ………60, 115	ケマンガイ …………………………152	ゴマフイモ …………………………137
クチムラサキサンゴヤドリ ……15, 127	ゲンロクノシガイ …………54, 130	ゴマフカニモリ ……………59, 114
クチムラサキダカラ ………………118	コアッキガイ ………………94, 125	ゴマフダカラ ………………47, 120
クチムラサキレイシダマシ ……51, 126	コイワニシ …………………52, 127	ゴマフダマ …………………95, 121
クビレクロヅケ ……………42, 111	コウシレイシダマシ ………………125	ゴマフニナ …………………13, 115
クビレマツカワ …………50, 93, 123	コウダカアオガイ …………38, 109	ゴマフヌカボラ ……………97, 125
クボガイ ……………40, 97, 110	コウダカカラマツ …………13, 141	ゴマフホラダマシ ……………98, 130
クマドリオトメマイマイ ……………161	コウダカタマキビ ……………………116	ゴママダラノシガイ ……………55, 130
クマドリヤマタカマイマイ ……78, 161	コウロエンカワヒバリ ……………143	コムラサキレイシダマシ ………126
クマノコガイ ………………97, 110	コエボシ ……………………94, 133	コメザクラ …………………………150
クモガイ ……………………101, 117	コオニコブシ ………14, 102, 128	コモンイモ ………………103, 137
クラゲツキヒ ………………………147	コオニノツノ ………………………114	コモンダカラ ………………………120
クリイロカワザンショウ ……72, 157	コガモガイ …………………38, 109	コロモガイ …………………………136
クリイロフデ ………………………133	コガモガサ …………………38, 109	コンゴウトクサ ……………61, 140
クリイロヤタテ ……………………134	コゲチドリダカラ ……………46, 120	コンゴウボラ ………………………136
クリフレイシ ………………98, 127	コゲツノブエ ………………………114	コンシボリツノブエ ……………60, 114

コンペイトウガイ ……115	シノマキ ……123	スイジガイ ……36, 101, 117
【サ行】	シボリガイモドキ ……108	スイショウガイ ……116
サオトメヒタチオビ ……132	シボリザクラ ……28, 150	スガイ ……23, 44, 113
サカマキガイ ……164	シボリダカラ ……48, 120	スカシガイ ……13, 40, 110
サキグロタマツメタ ……121	シマアラレボラ ……123	スギモトサンゴヤドリ ……52, 128
サキボソカニモリ ……114	シマアラレミクリ ……99, 130	スグヒダギセル ……157
サクラガイ ……66, 150	シマイボボラ ……102, 124	スクミリンゴガイ ……21, 163
ザクロガイ ……120	シマオトメフデ ……135	スジグロニシキニナ ……132
サザエ ……6, 26, 93, 113	シマカノコ ……84, 163	スジグロホラダマシ ……102, 131
サザメガイ ……68, 152	シマナミマガシワモドキ ……147	スジサンゴヤドリ ……15, 128
サソリガイ ……101, 117	シマベッコウバイ ……14, 55, 131	スズガイ ……153
サツマアカガイ ……92, 153	シマミクリ ……99, 130	スズメガイ ……117
サツマオカチョウジ ……159	シマレイシダマシ ……13, 50, 126	スソカケガイ ……110
サツマクリイロカワザンショウ ……72, 157	シマワスレ ……153	スソムラサキイモ ……58, 138
サツマツブリ ……26, 125	シメクチマイマイ ……161	スソヨツメダカラ ……120
サツマビナ ……133	ジャノメアメフラシ ……91, 141	スダレモシオ ……64, 148
サツマボラ ……123	ジュズカケサヤガタイモ ……15, 137	スナゴスエモノガイ ……154
サツマムシオイ ……156	ジュズダマダカラ ……47, 120	セミアサリ ……15, 99, 151
サトウガイ ……99, 143	ジュセイラ ……124	センジュモドキ ……125
サナギカニモリ ……114	ジュドウマクラ ……133	ソトバウチマキノミギセル ……75, 158
サバダカラ ……47, 119	シュマダラギリ ……61, 140	ソメワケオトメフデ ……135
サメザラ ……150	シュモクガイ ……25, 145	ソメワケカタベ ……112
サメダカラ ……48, 120	ショウジョウガイ ……147	ソメワケグリ ……143
サメハダヒノデガイ ……99, 150	ショウジョウラ ……123	
サメムシロ ……129	シラクモガイ ……102, 127	【タ行】
サヤガイ ……153	シラナミ ……14, 103, 149	ダイオウキヌガサ ……93, 117
サヤガタイモ ……137	シラネタケ ……61, 140	ダイミョウガイ ……66, 150
サラサガイ ……152	シリオレギセル ……158	タイラギ ……145
サラサバイ ……113	シリオレホラダマシ ……131	タイワンキサゴ ……43, 112
サラサバテイ ……111	シリブトゴマガイ ……156	タイワンシボリ ……109
サラサミナシ ……58, 138	シロアオリ ……63, 145	タイワンタマキビ ……11, 116
サルボウ ……64, 100, 143	シロアンボイナ ……138	タイワンナツメ ……98, 141
ザレギセル ……75, 158	シロイガレイシ ……28, 126	タイワンモノアラガイ ……86, 164
サンゴオトメフデ ……103, 135	シロイボニクタケ ……62, 140	タイワンレイシ ……127
サンショウガイ ……24, 44, 112	シロイボノシガイ ……54, 130	タカサマイマイ ……17, 78, 160
サンショウガイモドキ ……110	シロイボレイシダマシ ……50, 126	タカキビ ……160
サンショウスガイ ……24, 44, 112	シロインコ ……62, 143	タカノハヨウラク ……94, 125
シイノミクチキレ ……60, 141	シロカラマツ ……142	タガヤサンミナシ ……138
シイノミミミガイ ……73, 157	シロクチキナレイシ ……28, 51, 126	タケノコガイ ……140
シイボルトコギセル ……76, 159	シロコニクタケ ……140	タケノコカニモリ ……115
シオサザナミ ……151	シロシノマキ ……123	タケノコカワニナ ……20, 86, 163
シオフキ ……65, 149	シロフタスジギリ ……61, 140	タケノコモドキ ……129
シオボラ ……102, 123	シロレイシ ……52, 127	ダコスタマイマイ ……161
シチクガイ ……61, 140	シロレイシダマシ ……50, 125	タコブネ ……154
シチクモドキ ……61, 140	シワオキニシ ……122	タジマニシキ ……146
シドロ ……36, 92, 116	シワクチナルトボラ ……122	タツナミガイ ……91, 141

和名索引

タツマキサザエ …………… 44, 112	ツクシマイマイ ………… 19, 79, 162	トクノシマギセル …………… 76, 158
タネガシマアツブタガイ ………… 155	ツタノハ ……………………………… 108	トクノシマケハダシワクチマイマイ
タネガシマギセル ………………… 158	ツノキガイ …………………………… 131	…………………………… 18, 81, 161
タネガシマゴマガイ ……………… 156	ツノテツレイシ ……………………… 127	トクノシマケマイマイ ………… 83, 161
タネガシマママイマイ ……… 17, 79, 161	ツノレイシ ……………………… 102, 127	トクノシマベッコウ ………………… 160
タネガシマムシオイ ………… 18, 156	ツバキカドマイマイ ………………… 161	トクノシマムシオイ …………… 70, 156
タブキギセル ……………… 76, 159	ツバサカノコ ………………………… 163	トクノシマヤマタカマイマイ … 19, 78, 161
タマエガイ ………………… 89, 144	ツブカワザンショウ …………… 72, 157	トゲスズガイ ………………………… 154
タマキガイ ………………………… 143	ツマベニメダカラ ……………… 46, 119	トゲハマヅト ………………… 56, 135
タマキビ …………………………… 116	ツマムラサキメダカラ ………… 46, 119	トゲレイシダマシ …………………… 126
タマノミドリ ………………… 90, 141	ツムガタノミギセル …………… 74, 158	トコブシ ……………………… 39, 109
タメトモマイマイ …………… 80, 162	ツメタガイ ……………………… 95, 121	トサダマ ……………………… 49, 122
タモトガイ …………………………… 128	ツヤイモ ………………………… 57, 137	トビイロフデ ………………… 99, 133
タルダカラ ………………… 101, 118	ツヤギセル(オキノエラブギセル型)…158	ドブガイ ……………………… 21, 164
(ダルマクリムシ) ………………… 124	ツヤハマシノイミガイ ……………… 157	トマヤガイ ……………… 14, 64, 148
タワラガイ …………………………… 160	ツヤマメアゲマキ ……………… 14, 148	トミガイ ……………………… 49, 121
ダンベイキサゴ ……………… 98, 112	(ツヤヨフバイ) ……………………… 129	トヨツガイ …………………… 15, 127
チイロメンガイ …………………… 147	ツリフネキヌヅツミ ……………… 93, 118	トラフクダマキ ……………………… 139
チゴアシヤ …………………… 24, 110	テツイロナツモモ ……………… 42, 111	トリガイ ………………………… 96, 149
チゴトリガイ ………………… 99, 149	テツボラ ………………………… 8, 52, 127	トリカゴオトメフデ ………………… 135
チゴワシノハ ……………………… 142	テツヤタテ …………………………… 136	トンガリベニガイ ……………… 66, 150
チサラガイ ………………………… 146	テツレイシ …………………… 14, 52, 127	ドングリカノコ ………………… 85, 163
チヂミタマエガイ …………………… 144	テラマチオキナエビス ……………… 109	ドングリフデ ………………………… 133
チヂミハマヅト ……………… 56, 135	テラマチベッコウ ……………… 17, 160	トンボイモ …………………………… 139
チヂミフトコロ ……………………… 128	テリザクラ ……………………… 66, 150	
チトセボラ …………………………… 132	テリタマキビ ………………………… 116	**【ナ行】**
チドリガサ …………………… 40, 110	テンガイ ……………………… 40, 110	ナガオカミミガイ ……………… 73, 157
チドリダカラ ………………… 46, 120	テングガイ …………………… 27, 125	ナガオカモノアラガイ ………… 77, 160
チドリマスオ ………………………… 149	テングニシ …………………………… 131	ナガコバンスソキレ …………… 39, 109
チビクルマチグサ ……………… 42, 111	テンスジコウシツブ …………… 24, 139	ナガサキニシキニナ ……… 55, 94, 132
チビノミギセル ……………………… 158	テンスジノシガイ ……………… 99, 130	ナガサラサミナシ …………………… 138
チヒロガイ ………………………… 146	テンロクケボリ ……………… 45, 89, 118	ナガシマヤタテ ……………………… 134
チマキボラ …………………… 95, 139	トウガタカニモリ ……………… 60, 115	ナガツクシ …………………………… 134
チャイロキセルモドキ … 19, 25, 73 , 157	トウガタカニモリ(ヒメトウガタカニモリ型)	ナガニシ ………………………… 95, 132
チャイロキヌタ ……………… 46, 119	…………………………… 60, 115	ナシジダカラ ………………… 47, 120
チャイロマイマイ …… 17, 18, 80, 162	トウガタカワニナ …………………… 163	ナスビバオトメフデ …………… 56, 135
チャコウラナメクジ …………… 20, 160	トウガタゴマガイ ……………… 71, 156	ナタマメギセル ………………… 8, 158
チョウセンサザエ ……… 27, 101, 113	トウガタホソマイマイ ……………… 161	ナツメガイ …………………………… 141
チリボタン …………………………… 147	トウマキ ……………………………… 124	ナツメモドキ ………………… 13, 34, 119
チリメンアナゴ ……………………… 109	トカシオリイレ ……………… 27, 100, 136	ナツモモ ………………………… 97, 111
チリメンカノコアサリ ……………… 151	トカラコギセル ………………… 77, 159	ナデシコガイ ………………………… 146
チリメンカワニナ …………… 20, 85, 163	トクサツクシ ………………………… 134	ナミノコガイ …………………… 100, 150
チリメンダカラ ……………………… 120	トクサバイ …………………………… 130	ナミノコマスオ ……………………… 149
チリメンマイマイ ……………… 79, 160	トクニヤダマシギセル ………… 76, 159	ナミハダギセル ……………… 18, 159
ツキヒガイ …………………… 100, 147	トクノシマアズキガイ ………… 71, 156	ナミヒメムシロ ……………………… 129
ツクエガイ …………………… 16, 153	トクノシマオオベソマイマイ … 82 , 161	ナメクジ ……………………… 20, 160

ナンバンカブトウラシマ ……122	ハチジョウダカラ ……36, 118	ヒトハサンゴヤドリ ……128
ニシキアマオブネ …29, 45, 101, 114	ハツユキダカラ ……97, 120	ヒナクチベニ ……153
ニシキウズ（アナアキウズ型）…41, 110	バテイラ ……98, 110	ヒナヅル ……49, 122
ニシキウズ（ニシキウズ型）……41, 110	ハデオトメフデ ……56, 135	ヒナメダカラ ……46, 119
ニシキガイ ……146	ハナイモ ……138	ビノスモドキ ……96, 151
ニシキツノ ……142	ハナエガイ ……142	ヒノデサルアワビ ……39, 109
ニシキニナ ……55, 132	ハナオトメフデ ……103, 135	ヒバリガイ ……63, 144
ニシキノキバフデ ……102, 133	ハナガスミカノコ ……84, 163	ヒバリモドキ ……144
ニシキヒザラガイ …15, 91, 108	ハナキサゴ ……112	ヒメアサリ ……67, 152
ニシキフデ ……136	ハナコギセル ……77, 159	ヒメアワビ ……111
ニシキミナシ ……103, 138	ハナゴショグルマ ……112	ヒメイガイ ……143
ニセイボシマイモ ……57, 138	ハナダタミ ……111	ヒメイシダタミアマオブネ …45, 113
ニセイボボラ ……93, 124	ハナビラダカラ ……120	ヒメイトマキボラ ……131
ニセサバダカラ ……47, 119	ハナマルユキ ……120	（ヒメイナミガイ) ……152
ニセマツカサガイ ……87, 164	ハナムシロ ……53, 129	ヒメイモフデ ……134
ニッコウガイ ……65, 150	ハナヤカワスレ ……153	ヒメウズラタマキビ ……115
ニッポンレイシダマシ ……51, 126	ハナワイモ ……137	ヒメオカモノアラガイ ……77, 160
ニヨリゴマガイ ……71, 156	ハナワレイシ ……126	ヒメオリイレムシロ ……53, 129
ヌノメカワニナ ……164	ハネマツカゼ ……92, 153	ヒメカノコ ……84, 163
ヌメクビムシオイ ……70, 156	ハブタエシタダミ ……42, 112	ヒメクボガイ ……97, 110
ヌリツヤアマガイ ……45, 114	ハブタエモノアラガイ ……164	ヒメクリイロヤタテ ……133
ネコガイ ……121	ハベマメシジミ …21, 22, 87, 164	ヒメコザラ（ヒメコザラ型) ……108
ネコノミクチキレ ……60, 141	ハマオトメフデ ……135	ヒメゴホウラ ……117
ネズミガイ ……121	ハマグリ ……6, 153	ヒメシロレイシダマシ ……50, 89, 125
ネズミノテ ……147	ハマシイノミガイ ……157	ヒメタイコ ……122
ネニヤダマシギセル ……76, 159	ハマヅト ……55, 134	ヒメタニシ ……86, 163
ノグチヒタチオビ ……132	ハヤテギリ ……140	ヒメツメタ ……96, 121
ノコギリガキ ……148	ハラダカラ ……102, 118	ヒメテツヤタテ ……136
ノシガイ ……102, 130	ハラブトギセル ……19, 31, 159	ヒメトクサ ……62, 140
ノシメニナ ……54, 130	ハラブトゴマガイ ……71, 156	ヒメニッコウ ……65, 150
ノボリガイ ……112	ハラブトノミギセル ……74, 157	ヒメハラダカラ ……93, 119
ノミニナモドキ ……24, 129	ハルサメヤタテ ……134	ヒメフトギリ ……140
	ハルシャガイ ……99, 136	ヒメホシダカラ ……118
【ハ行】	バンザイラ ……124	ヒメムシオイ ……69, 156
ハートガイ ……149	バンダナマイマイ ……80, 162	ヒメモノアラガイ ……86, 164
バイ ……95, 130	ハンミガキゴマガイ ……71, 156	ヒメヤクシマダカラ ……102, 118
ハイイロミナシ ……58, 138	ヒオウギ ……146	ヒメヤマクルマ ……69, 156
バカガイ ……149	ヒクナワメグルマ ……141	ヒメユリヤマタカマイマイ ……78, 161
ハギノツユ ……121	ヒザラガイ ……14, 37, 91, 108	ヒメヨウラク ……97, 125
ハクシャウズ ……41, 111	ヒシヨウラク ……125	ヒメヨフバイ ……54, 129
ハザクラ ……67, 151	ヒゼンオトメマイマイ ……18, 161	ヒョウダマ ……122
ハシグロツノマタモドキ ……131	ヒゼンツクシ ……136	ヒラスカシ ……13, 40, 110
ハシナガツノブエ ……114	（ヒダトリガイ) ……116	ヒラセトヨツ ……127
ハシナガニシ ……95, 132	ヒダリマキゴマガイ ……156	ヒラヒメアワビ ……111
ハジメテビロウドマイマイ ……18, 161	ヒトエスソムラサキダカラ ……119	ヒラフネガイ ……117
ハタガイ ……126	ヒトスジツノクダマキ ……139	ヒラマキイモ ……59, 138

ヒラマキミズマイマイ …………21, 164	ベニシボリ …………………103, 141	マクガイ ………………………145
ヒリョウガイ ……………………63, 145	ベニシボリミノムシ ………………134	マクラガイ ……………………100, 133
ヒルグチギセル …………………158	ベニシリダカ ……………………111	マゴコロガイ ……………………88, 151
ヒロクチイガレイシ ………………28, 126	ベニソデ …………………………57, 116	マシジミ ……………………20, 87, 164
ヒロクチレイシ …………………126	ベニタケ …………………………140	マスオガイ ………………………151
ビワガイ …………………………122	ベニツブサンショウ ……………24, 112	マダライモ ………………………14, 137
ピントノミギセル …………………157	ベニバイ …………………………24, 113	マダラクダマキ …………………139
フイリノシガイ ……………………55, 130	ベニフナツモモ …………………111	マダラチゴトリ …………………64, 149
フキアゲアサリ …………………153	ベニマキ …………………………132	マツカサガイ ……………………87, 164
フクダゴマオカタニシ …………70, 155	ベニムシオイ ……………………70, 156	マツカゼガイ ……………………92, 153
フクトコブシ ……………………39, 109	ボウシュウボラ …………………94, 124	マツカワガイ ……………………49, 93, 123
フクロナリオカミミガイ …………73, 157	ホウシュノタマ ………………16, 23, 121	マツバガイ ………………12, 27, 37, 108
フシカニモリ ……………………60, 115	ボサツガイ ………………………52, 129	マツムシ …………………………129
フジツガイ ………………………124	ホシキヌタ ………………………118	マツヤマワスレ …………………93, 153
フシデサソリ ……………………101, 117	ホシダカラ ……………………36, 101, 118	マベ …………………………144
フジノハナガイ …………………100, 150	ホシヤマビロウドマイマイ ……81, 161	マボロシリュウグウボタル ………133
フタモチヘビガイ ………………16, 118	ホソウチマキノミギセル …………75, 158	マメウサギ ………………………118
フチヌイフデ ……………………133	ホソキセルモドキ ………………73, 157	マメオトメフデ …………………135
フデイモ …………………………139	ホソチクモドキ …………………61, 140	マメヒバリ ………………………144
フトコロガイ ……………………128	ホソシボリソブエ ………………60, 114	マユフデ …………………………133
フトコロヤタテ …………………134	ホソジュズカケダマキ …………139	マルアマオブネ …………………45, 113
フトスジアマガイ ………………101, 113	ホソスジアオガイ ………………109	マルアラレタマキビ ……………44, 116
フトスジムカシタモト ……………116	ホソスジイナミガイ ……………67, 152	マルウズラタマキビ ……………116
フトヘナタリ ……………………16, 115	ホソスジウズラタマキビ ………115	マルスダレガイ …………………151
フドロ ……………………………116	ホソスジテツボラ ………………52, 127	マルタニシ ………………………86, 163
フナトウアズキガイ ……………71, 156	ホソテンロクケボリ ……46, 89, 118	マルテンスオオベソマイマイ …82, 161
フネアマガイ ……………………163	ホソニクタケ ……………………62, 140	マルヒナガイ ……………………92, 152
フリジアガイ ……………………125	ホソノシガイ ……………………54, 130	マルベッコウバイ …………………131
フロガイ …………………………49, 121	ホソミヨリオトメフデ …………103, 135	マンジュウガイ …………………121
フロガイダマシ …………………49, 121	ホソヤクシマダカラ ……………48, 118	ミカエリチドリガサ ……………40, 110
ヘソアキアシヤエビス …………43, 110	ボタンガイ ………………………64, 149	ミガキトクサ ……………………140
ヘソアキオリイレボラ …………136	ホトトギス ………………………144	ミガキトクサバイ ………………94, 130
ヘソアキクボガイ ……………40, 97, 110	ホネガイ …………………………94, 125	ミカドミナシ ……………………136
ヘソアキトゲエビス ……………93, 112	ホラガイ …………………………124	ミカンレイシ ……………………127
ヘソアキトミガイ ………………49, 121	ホラダマシ ………………………130	ミクリガイ ………………………130
ヘソカドケマイマイ ……………83, 161	ホリマイマイ …………17, 18, 81, 162	ミジンヤマタニシ ………………17, 155
ベッコウイモ ……………………138	ホンカリガネ ……………………95, 139	ミスガイ ………………………14, 27, 141
ベッコウガサ ……………………37, 108	ホンクマサカ ……………………96, 117	ミズゴマツボ ……………………21, 164
ベッコウバイ ……………………131	ホンサバダカラ …………………47, 119	ミスジヨフバイ …………………129
ベッコウマイマイ ………………77, 160		ミズスイ …………………………94, 127
ヘナタリ …………………………115	【マ行】	ミダレシマヤタテ ………………134
ベニアラレボラ …………………123	マアナゴ …………………………109	ミダレフノシガイ ………………54, 130
ベニイタダキイモ ………………57, 138	マイノソデ ………………………57, 116	ミツカドボラ ……………………102, 123
ベニイモ …………………………58, 137	マガキ …………………………11, 35, 147	ミドリアオリ ……………………145
ベニエガイ ………………………142	マガキガイ ……………………31, 35, 96, 116	ミドリイガイ ……………………29, 99, 143
ベニガイ …………………………66, 150	マキザサ …………………………62, 140	ミドリマイマイ …………………19, 161

ミノガイ …………………………146	ヤスリギリ …………………………140	リュウグウボタル ………………………132
ミノムシガイ ……………………134	ヤスリヒザラガイ ………………………108	リュウテン ……………………………44, 112
ミミエガイ …………………14, 143	ヤセイモ ………………………59, 138	リンボウガイ ……………………93, 113
ミミガイ ……………27, 101, 109	ヤセオキナワヤマキサゴ ……19, 155	レイシガイ …………………………98, 127
ミミズガイ ………………96, 115	ヤタテガイ ……………………134	レイシダマシ ……………………50, 126
ミヨリオトメフデ ………56, 135	ヤツシロガイ ……………………27, 123	レイシダマシモドキ ………51, 125
ムカシタモト ………36, 56, 116	ヤツデヒトデヤドリニナ ……88, 124	レモンカノコ ………………………84, 163
ムギガイ …………………………129	ヤナギシボリイモ ……………31, 138	レンジャク ………………………122
ムコウジマコギセル ……76, 159	ヤナギシボリダカラ ……………119	レンズガイ ………………………160
ムシエビ …………………………129	ヤマクルマ ………………………69, 155	ロウソクガイ ……………………99, 137
ムシボタル ………………………133	ヤマタニシ ………………………69, 155	
ムシロオトメフデ ………………135	ヤマトシジミ……………20, 87, 164	**【ワ行】**
ムシロガイ …………………53, 129	ヤマナメクジ………………20, 160	ワカガミ …………………………152
ムシロタケ …………………62, 140	ヤママユフデ ……………………133	ワシノハ …………………………142
ムラクモイモ ……………………137	ユウカゲハマグリ………………152	ワスレイソシジミ ……………67, 151
ムラクモダカラ …………102, 118	ユウシオガイ ………66, 92, 150	ワニガイ …………………………148
ムラサキイガイ ………6, 63, 143	ユキタノミギセル ……………74, 157	（ワニガキ）………………………148
ムラサキイガレイシ ……28, 126	ユキネズミ ………………………121	
ムラサキインコ ………12, 63, 143	ユメマツムシ ……………………129	
ムラサキウズ ………………41, 111	ユリヤガイ ……………………90, 141	
ムラサキツソマタモドキ………131	ヨコスジタマキビモドキ ………115	
ムロガイ …………………………128	ヨコヤマミミエガイ ……………143	
メオトヤドリニナ ………88, 124	ヨツメダカラ ……………………119	
メオニノツノ ……………………114	ヨフバイ …………………………129	
メクラガイ …………………13, 111	ヨフバイモドキ ……………54, 129	
メダカラ …………………97, 119	ヨメガカサ ……………………37, 108	
モクハチアオイ …………………149	ヨロイツノブエ …………………114	
モシオガイ ……………………64, 148		
モジャモジャヤマトガイ………155	**【ラ行】**	
モノアラガイ ……………21, 86, 164	リスガイ …………………………121	
モミジボラ ………………………139	リュウキュウアオイ ………103, 149	
モモエボラ ………………………136	リュウキュウアオガイ …………108	
モロハボラ …………………50, 125	リュウキュウアマガイ …………114	
	リュウキュウゴオカタニシ …70, 155	
【ヤ行】	リュウキュウゴマガイ ………72, 156	
ヤエヤマヒルギシジミ …………164	リュウキュウサラガイ…………104, 150	
ヤガスリヒヨク …………………146	リュウキュウザル ……………103, 148	
ヤキイモ ………………………59, 138	リュウキュウシラトリ …………150	
ヤクシマゴマガイ ……………18, 156	リュウキュウタケ ………………140	
ヤクシマダカラ ………27, 48, 118	リュウキュウツノマタ …………132	
ヤクシマベッコウ …………17, 160	リュウキュウナミノコ ………104, 150	
ヤクシママイマイ ………………162	リュウキュウバカガイ …65, 104, 149	
ヤクシマヤマクルマ ……………156	リュウキュウヒザラガイ ……37, 108	
ヤクスギイトカケノミギセル …157	リュウキュウヒバリ …………63, 144	
ヤコビギセル …………………18, 159	リュウキュウヘビガイ ………12, 117	
ヤサガタムカシタモト ……56, 116	リュウキュウマスオ …………104, 151	

和名索引

あとがき

　私は，鹿児島県の沖永良部島に生まれ，幼少の頃から海に出て釣りや貝採りをして育った。釣りにしても貝採りにしても晩のおかずを得るため，子どもとは言え一生懸命であった。親も子どもが海に行けば，晩のおかずをあてにしたものである。貝採りのことを「あさい」というが，その目当てはリュウキュウヒバリ（イガイ科）である。煮て，赤い身を取り出し「味噌だれ」で食べると結構おかずになる。

　貝の殻は裏庭の木の根っこに捨てる。そこにはリュウキュウヒバリのほか，ツノレイシ，シオボラ，シラクモガイ，ムカシタモトなどの殻がいっぱいあった。そこで何度か新鮮な殻を見つけ標本にしたことがある。巻貝の殻はオカヤドカリが住居として活用する。そのヤドカリは屋敷の石の下や落ち葉の下にいるので，魚の釣り餌として使ったものである。今では環境の美化ということで，ゴミはすべて回収焼却されるので貝殻の捨て場はどこにもない。

　貝の豊富だった海も，めっきり貝の数が減ってしまった。道路工事，宅地造成，圃場改良事業，河川工事等によって赤土が海に流入し，サンゴの死滅で海岸の様相は一変した。潮干狩りで石をおこしてそのままにしておくと，幼貝や卵塊は灼熱の太陽に曝され死滅するしかない。また，鹿児島県の吹上浜一帯で採れる貝は，極端に小さくなった。熊手に金網を取り付けたようなもの（鋤簾）で根こそぎ採って，幼貝まで持ち帰る始末だから当然のことである。この先，漁を楽しむためにもほどほどに，小さいものは海に返すなど一考を要する。

　質の良い標本について，「形が完璧で除肉がきちんとなされ，表面の付着物もきれいに取れているもの」と書いたが，写真を撮るため手元の標本を取り出してみて唖然とした。肉が透けて見えるもの，表面に白い石灰がぽつぽつ付着しているもの，口が欠けているもの等々全く恥ずかしい次第である。「言うは易く行うは難し」という気持ちで自省している。

　写真の登載には普通種をできるだけ多く扱うつもりでいたが，「各地の貝」の中には希少種も相当数ある。写真撮影で苦慮したことは，標本ケースの中の糊付けされた標本を取り出したとき，標本に付いた綿毛を除去する作業に手間取った点である。

　本書をまとめるにあたって種々のご教示，標本の貸与等ご協力を頂いた魚住賢司氏に深く感謝申し上げる。

　なお本書の刊行にあたり，企画の段階からご助言を頂いた南方新社の向原祥隆社長，編集の遠矢沢代さんに感謝申し上げたい。

　　2003年6月

　　　　　　　　　　　　　　　　　　　　　　　　　　　　　行田義三

著者紹介

行田義三（ゆきた よしぞう）
1933年（昭和8年），鹿児島県沖永良部島（和泊町国頭）に生まれる。
1956年3月，鹿児島大学文理学部（生物学）を卒業。
1956年5月から1993年3月まで，鹿児島県公立中学校教諭を務める。
日本貝類学会，九州貝類談話会所属。

調査活動

①鹿児島県立博物館の鹿児島の自然調査事業に参加し，報告書をまとめた。
　・1995年　「北薩の貝類相」「下甑島の貝類相」
　・1996年　「奄美の貝類」「徳之島の貝類」
　・1997年　「大隅の貝類相」「稲尾岳の貝類相」
　・1998年　「熊毛の貝類相」「口永良部島の貝類」
②鹿児島県希少野生生物の調査（1999～2002）に参加し，『鹿児島県レッドデータブック』（鹿児島県　2003）の陸・淡水貝類写真部門を担当した。

著書

『川の生きもの図鑑』（共著・南方新社　2002）
『鹿児島の貝』（春苑堂出版　2000）

一言：開発によって自然環境は大きく変容し，多くの野生生物は生活の基盤を失いつつある。この事を直視して，河川改修，道路・宅地造成等の工事には最大限の注意を払うべきである。また，乱獲は厳に慎まねばならない。

貝の図鑑　採集と標本の作り方

発行日　2003年8月20日　第1刷発行
　　　　2020年3月20日　第5刷発行

著　者　行田義三
発行者　向原祥隆
発行所　株式会社　南方新社
　　　　〒892-0873　鹿児島市下田町292-1
　　　　電話　099-248-5455
　　　　振替　02070-3-27929

印刷・製本　渕上印刷株式会社
乱丁・落丁はお取り替えします
ⓒ Yukita Yosizou　2003
Printed in Japan
ISBN978-4-931376-96-0 C0645

増補改訂版 昆虫の図鑑 採集と標本の作り方
◎福田晴夫他著
定価(本体3500円＋税)

大人気の昆虫図鑑が大幅にボリュームアップ。九州・沖縄の身近な昆虫2542種を収録。旧版より445種増えた。注目種を全種掲載のほか採集と標本の作り方も丁寧に解説。昆虫少年から研究者まで一生使えると大評判の一冊！

昆虫の図鑑 路傍の基本1000種
◎福田晴夫他著
定価(本体1800円＋税)

数万に上る昆虫の中から出現頻度順に基本種1166種選んで掲載する。これで、通常、街中や畑、野山で見かけるほとんどの種が網羅できている。子供たちの昆虫採集のテキストに、また自然観察に手軽に携行できる1冊。

アリの生態と分類 ―南九州のアリの自然史―
◎山根正気・原田 豊・江口克之著
定価(本体4500円＋税)

124種を高画質写真で詳説。世界と日本のアリの生態を面白く紹介。最悪外来種ヒアリとアカカミアリを、日本で初めて詳細図解。第1部は世界のアリ、アリの世界。第2部は南九州のアリの生活。第3部に採集から名前調べまでを盛り込んだ。

琉球弧・植物図鑑
◎片野田逸朗著
定価(本体3800円＋税)

800種を網羅する待望の琉球弧の植物図鑑が誕生した。渓谷の奥深くや深山の崖地に息づく希少種や固有種から、日ごろから目を楽しませる路傍の草花まで一挙掲載する。自然観察、野外学習、公共事業従事者に必携の一冊。

九州・野山の花
◎片野田逸朗著
定価(本体3900円＋税)

葉による検索ガイド付き・花ハイキング携帯図鑑。落葉広葉樹林、常緑針葉樹林、草原、人里、海岸……。生育環境と葉の特徴で見分ける1295種の植物。トレッキングやフィールド観察にも最適。

川の生きもの図鑑
◎鹿児島の自然を記録する会編
定価(本体2857円＋税)

川をめぐる自然を丸ごとガイド。魚、エビ・カニ、貝など水生生物のほか、植物、昆虫、鳥、両生、爬虫、哺乳類、クモまで。上流から河口域までの生物835種を網羅する総合図鑑。学校でも家庭でも必備の一冊。

貝の図鑑 採集と標本の作り方
◎行田義三著
定価(本体2600円＋税)

本土から奄美群島に至る海、川、陸の貝、1049種を網羅。採集のしかた、標本の作り方のほか、よく似た貝の見分け方を丁寧に解説する。待望の「貝の図鑑決定版」。この一冊で水辺がもっと楽しくなる。

九州発 食べる地魚図鑑
◎大富 潤著
定価(本体3800円＋税)

店先に並ぶ魚はもちろん、漁師や釣り人だけが知っている魚まで計550種を解説。著者は水産学部の教授。全ての魚を実際に著者が料理して食べてみた「おいしい食べ方」も紹介する。魚に加えて、エビ・カニ、貝、ウニ・クラゲや海藻まで。

ご注文は、お近くの書店か直接南方新社まで(送料無料)。
書店にご注文の際は必ず「地方小出版流通センター扱い」とご指定ください。